好形象是你最好的名片

表情对了，形象过人，机会就是你的！
要想机会比别人多，关键在于形象设计！

笑脸赢人

XIAOLIAN YINGREN

章小谦⊙编著

廣東旅游出版社
GUANGDONG TRAVEL & TOURISM PRESS
悦读书·悦旅行·悦享人生

中国·广州

图书在版编目（CIP）数据

笑脸赢人：好形象是你最好的名片 / 章小谦编著. — 广州：广东旅游出版社，2014.8（2024.8重印）

ISBN 978-7-80766-899-2

Ⅰ. ①笑… Ⅱ. ①章… Ⅲ. ①个人 - 形象 - 通俗读物 Ⅳ. ①B834.3-49

中国版本图书馆CIP数据核字（2014）第153647号

笑脸赢人：好形象是你最好的名片
XIAO LIAN YING REN : HAO XING XIANG SHI NI ZUI HAO DE MING PIAN

出 版 人 刘志松
责任编辑 方银萍
责任技编 冼志良
责任校对 李瑞苑

广东旅游出版社出版发行

地　　址 广东省广州市荔湾区沙面北街71号首、二层
邮　　编 510130
电　　话 020-87347732（总编室）　020-87348887（销售热线）
投稿邮箱 2026542779@qq.com
印　　刷 三河市腾飞印务有限公司
　　　　　　（地址：三河市黄土庄镇小石庄村）
开　　本 710毫米×1000毫米 1/16
印　　张 16
字　　数 230千
版　　次 2014年8月第1版
印　　次 2024年8月第2次印刷
定　　价 69.80元

本书若有倒装、缺页影响阅读，请与承印厂联系调换，联系电话 0316-3153358

序　言

　　一位心理学家曾做过这样一个实验，他让两个学生都做对30道题中的一半，但是让学生甲做对的题目尽量出现在前15道题，而让学生乙做对的题目尽量出现在后15道题，然后让一些被测试者对两个学生进行评价：两相比较，谁更聪明一些？结果发现，多数被测试者都认为学生甲更聪明。

　　《三国演义》中，庞统面见孙权，准备效力东吴，但孙权见庞统相貌丑陋，心中就不太喜欢，又见他傲慢不羁，更觉不快。最后，这位广招人才的孙仲谋就把与诸葛亮齐名的奇才庞统拒于门外，尽管鲁肃极力相劝，也无济于事。

　　美国总统林肯约见朋友向他推荐的一位才识过人的阁员时，发现那位阁员相貌丑陋，于是他没有任用那位阁员。当朋友愤怒地责怪林肯以貌取人，说任何人都无法为自己的相貌负责时，林肯对此解释说："一个人过了40岁，就应该为自己的面孔负责。"

　　这就是第一印象效应。

　　第一印象效应是个妇孺皆知的道理，为官者总是很注意烧好上任之初的"三把火"，平民百姓也深知"第一眼"的重要性，每个人都力图给别人留下良好的"第一印象"。

　　第一印象很重要，因为人生充满了第一印象。美好的第一印象是成功的第一笔筹码。那么，你能有意识地利用第一印象效应成就自我吗？

　　本书全面分析了影响第一印象的因素，用很大篇幅向读者介绍了取得完美第一印象的具体操作方法，帮读者由内而外地去发展新的自我，让读者感受完美第一印象带来的一系列成功体验。

　　生活中，我们与人交往，总会有第一次，而这第一次见面的效果好坏，往往决定了有没有第二次和以后交往的机会。用心理学的理论来讲，就是第一印象有个首因效应，指交往双方形成的第一次印象对今后交往活动的影响，也就是"先入为主"的效果。第一印象具有"泛化"的特点，会在对方的心中开辟一个新的领地，以初次印象来取代空白。而对方往往由于获得初次的一点印象，便会"以点概面"，并在以后交往中起到"心理定势"的作用。

序一
衣仪天下——形象比智慧和知识还重要

千万不要钻在自己所在行业的小圈子里不出来。要有意识地跳出来，将个人形象打出去，开阔眼界和思维。

——潘石屹

国外流行这么一句话："60年代讲化妆，70年代讲香水，80年代讲健美，90年代讲美容，21世纪讲形象。"形象的价值在当今社会已经占据了重要地位。有时候，形象甚至比智慧和知识还重要。

形象就个人来说，它标志着一个人的文化素质；就一个国家和民族来说，它标志着这个国家和民族的发达水平。个人形象不仅是个人行为，它直接与企业和公司的形象息息相关，紧紧相连，甚至直接关系到公司乃至国家的形象和声誉。反过来，也就直接关系到个人的前程和命运。

国外有专家指出，形象是当今社会的核心概念之一。形象可以影响职业，形象可以影响婚姻，形象可以影响人际关系，形象可以影响人的一生——形象可以决定发展，形象直接涉及效益，形象的好坏可以决定财富的多少……

在这个形象导向和形象竞争的时代里，形象既是你个人能力的广告，也是你的品位标志。在商场如战场的现代社会中，如何通过整体形象规划来突显自己的独特魅力，并借此创造成功契机，提升自身价值，已经成为现代人关心的焦点。

有人常说性格决定命运，但性格的外化似乎也包含在形象的认同之中，除了性格中是否努力等主观因素外，很大程度上还是通过形象来起作用。所以形象的认同是一个很广泛的内容，也更难把握，因为这是别人的事，我们究竟要怎样才能施加正确的影响是大学问，且非常之重要。无论是作为领导还是向上进取的人，形象确实能决定别人对我们的态度，对我们自身的发展也可起到推动或阻碍作用。

专家指出，假如一个人在30岁之前仍然没有形成独特的个人形象，前途一般不会太好，至少是不成熟的表现。因此，要经营好自己的人生，一定要根据自己职业的性质和特点，塑造一个完美的个人形象。

也许你是个忙碌的上班族，总是忙于自己的思考和创意，或总是穿梭在公司与客户之间，整天忙得一塌糊涂，根本没有时间和精力打理自己的形象。也许你已经意识到形象的重要，但不知道如何改善提高，总是无可奈何……

经典影片《窈窕淑女》就叙述了一位下层社会的穷姑娘被培养成上层社会贵小姐的全过程。这个故事生动地给了我们启示，美好的形象必须经过设计和修炼，只有当衣（服饰）、形（体态）、神（气质）三者和谐统一的时候，形象才是美的，才能充分发挥"名片"的交际作用。

所谓"衣仪天下"，也就是说，你的内包装是"仪"，你的外包装是"衣"，如果你的内包装和外包装能够吻合了，那你的天下就是成功的了，你也就拥有了职业的天下，家庭的天下，世界的天下。

本书就融合了心理学和形象学的相关理论，从现实出发，运用专业知识进行人格、气质、兴趣、职业等特定策划和包装，帮助读者发现并挖掘存在于自己身上的独特气质和潜能，倡导内外相结合的整体和谐美，遵循"以人为本"的原则，为个人进行品牌形象策划，教普通人做生活中的明星，提升生活质量和品位，是树立个人品牌形象的一本集科学与美学于一体的全新理念教材。

序二
个人品牌——无法复制的职场优势

不了解品牌价值对职场生涯重要性的人，很快就会被职场给淘汰。

——奥美公关董事长白崇亮

玛丽莲·梦露已经离开人世四十多年了，然而时至今日，这个半个世纪前的丽人依旧是我们这个时代的超级偶像。这些年来，关于梦露的模仿秀从未间断，她生前用过的珠宝服饰在拍卖会上都卖出高价，她的相关物品一直都有收藏家疯狂收购——无疑，梦露已经超越了一个明星的身份，而成为一块金光闪闪的招牌，凭着Marilyn Monroe这几个字，就可以用来卖钱。

虽说梦露不可复制，但今天，无数个像她一样凭着个人的名声来换钱的明星还在川流不息。有别于梦露时代的是，如今不是名人的大众们，同样可以靠个人品牌来"混饭"吃。从这个意义上说，凡人和大明星已经没有本质的区别。当一个人的名声开始产生经济价值，并且他有意识地去经营这种名声以开发和保持这种价值的时候，就产生了个人品牌。

美国管理学者华德士甚至提出：21世纪的工作生存法则就是建立个人品牌。

无论是对单位还是个人，个人品牌都有不可估量的积极作用。一个企业家的个人品牌，甚至可以决定一个企业的品牌，初创的企业更是如此；对于一个职业经理人来说，个人品牌是职业发展的助推器，借助它你可以更快地得到升迁、平步青云；对于一个普通工作者来说，个人品牌能使你在职场沉浮中立于不败之地，有机会获得加薪或奖赏，甚或作为年薪多少万元的特聘员工成为竞争对手争相"猎取"的"猎物"。

打造个人品牌是职场竞争的取胜之道。竞争不可怕，可怕的是自己没有精湛的专业技能，没有形成独具特色的工作风格，没有具备别人不可代替的价值。如果你想在越来越激烈的职场竞争中取胜，你就应该从现在开始，把自己当作一个品牌去经营。

"铁打的职位，流水的人才"，所有的人才都会面临着人才竞争环境带来的机会和威胁。管理专家指出，有了个人品牌的人才，才能在职场中成为"不倒翁"。职场竞争中，个人的工作方法、工作技巧都可以被竞争对手复制，但是，个人品牌是无法被复制的，它是优秀人才的关键性标志。

人才对品牌的需求，绝非如某些人所讲是宣扬个人主义。一份调查资料显示，在企业里谋生的人才的工作年限相对要比企业的寿命要长，大部分人必然面临多次选择企业的问题，而有了个人品牌就会有工作的保障。因为，个人品牌的特点主要是对个人能力和魅力的呈现，其效应是与一个人才的厚积薄发分不开的，在职场中是具有识别性和稀缺性的。人才有了品牌，就如虎添翼，所以个人品牌不是一个人简简单单的姓名，而是在职场中的信赖标志。

"海阔凭鱼跃，天高任鸟飞"，可以形象地描绘出如今是个人才能自由发挥的时代。建立个人品牌对于自我价值的实现尤为重要，其成功的概率也远远大于那些缺少个人品牌的人才。当然，个人品牌不是自封的，也不是天上掉下来的，而是一个人才在他的职业生涯中慢慢培养和积累起来的。建立个人品牌，就说明你的做事态度和工作能力是有保障的，也一定会为企业创造较大的价值，企业使用这样的人也会更加信任和放心。

在个人品牌越来越重要的今天，希望每个人都能在自己的领域里打造出自己的品牌。但无论是谁，要建立个人品牌都必须走这样的程序，细细品味本书——中国人自己的品牌形象设计大师，相信它会给你带来意外的惊喜。

CONTENTS　目　录

第 *1* 章　好形象是我们的人生财富

现实生活中，形象对我们是至关重要的，我们应时刻有这样的认识，那就是在我们有限的圈子里珍惜并维护好自己的形象，逐步扩大"知名度"。当你的知名度愈来愈大的时候，你自身的价值也就会自然而然地上升。因此，在这个越来越注重形象的时代，一个人的形象将左右其职业生涯的发展前景，影响到其位置的变迁甚至人生的成败。努力工作，不一定会成功，但是懂得包装自己，却比别人更容易出头。

第 *2* 章　形象是个人素质修养的折射

一个人的形象，不仅要看其衣装打扮，更要看其内涵。良好的外表打扮与精神美和谐地统一，这才是最好的个人形象。假如一个人没有相应的内涵，尽管打扮得很酷、很帅、很入时、很引人注目，但他的形象也不会美。

第 3 章　形象需要定位和设计

　　所谓形象定位，就是找出并确定形象主体在相关公众心目中区别于其他形象主体的形象特色或个性。而形象的设计追求独特而不出位，保持一个良好的形象是为了别人，更重要的是为了自己，使自己处于最佳状态。每个人都存在着两个选择："我要成为的"和"公众期待的"，前者往往决定了特色，而后者往往决定了流行度。一个有效的形象设计策略应该同时结合这两者，使用公众容易接受的方式表达出中心人物的独特理念。

第 *4* 章　好形象一定是注意细节的

密斯·凡·德罗是二十世纪世界上四位最伟大的建筑师之一，在被要求用一句最概括的话来描述他成功的原因时，他只说了五个字："魔鬼在细节。"

第 5 章　好形象一定是修炼出来的

改变自己首先是改变自己的形象，无论是人还是物品，只有"包装"才能通过最直接的视觉传达来体现其客观的价值，进而提高本身价值。就算你本身再有价值，但是你不懂得恰当得体地包装自己，那么，接触你的人从第一感觉就客观地降低了你的价值。

第 6 章　给人留下有气场的第一印象

第一印象效应是个妇孺皆知的道理，为官者总是很注意烧好上任之初的"三把火"，平民百姓也深知"第一眼"的重要性，每个人都力图给别人留下良好的"第一印象"。第一印象很重要，因为人生充满了第一印象。美好的第一印象是你塑造成功形象的第一笔筹码。那么，你能有意识地利用第一印象效应来成就自我吗？

第 7 章　从言行举止开始注意你的形象

我国有句成语，叫"桃李不言，下自成蹊"。每个人的一言一行都在别人的观察之中，你做得如何，给别人的印象如何，别人自然会给你一个恰当的评价……

第 8 章　从修养习惯开始注意你的形象

第一次见面，有人仪表堂堂，讲话滔滔不绝，却不让我们喜欢，而有人不言不语，就那么站着或坐着，却带给人一种特别的感觉和深刻的印象，甚至还能令人毫无保留地对他产生信任感。

出现这种情况的原因是什么呢？就出在人的内在素质修养上。

第 **1** 章
好形象是我们的人生财富

现实生活中，形象对我们是至关重要的，我们应时刻有这样的认识，那就是在我们有限的圈子里珍惜并维护好自己的形象，逐步扩大"知名度"。当你的知名度愈来愈大的时候，你自身的价值也就会自然而然地上升。因此，在这个越来越注重形象的时代，一个人的形象将左右其职业生涯的发展前景，影响到其位置的变迁甚至人生的成败。努力工作，不一定会成功，但是懂得包装自己，却比别人更容易出头。

◎形象点拨

好形象是我们人生的财富。形象管理的最高境界就是成功地塑造个人品牌。个人品牌一旦形成，你就拥有了笑傲人生、笑傲江湖的资本。品牌的含金量越高，你的财富也就越来越丰厚。

好形象是笑傲江湖的资本 ◀◀◀

塑造形象的最高境界就是成功地塑造个人品牌。个人品牌一旦形成，你就拥有了笑傲人生、笑傲江湖的资本。品牌的含金量越高，你的财富也就越来越丰厚。

在社会关系的大网络中，我们要同形形色色的人打交道，协调、处理自身与他人、社会的关系。为了维持这种关系，并促使这种关系向良好的方向发展，我们就要以自己的形象作为交往的"凭证"和"符号"，通过他人的评价获得社会的认同，从而获得自身存在的意义和价值。具有良好的形象，并且得到的接受和认同越广越深的人，就能相应地获得更多的发展机遇和更大的物质上或精神上的发展空间，也就更可能取得成功。

我们熟知的篮坛巨星乔丹，他在NBA代表芝加哥"公牛"和华盛顿"奇才"征战期间，全联盟以及他本人都获得了巨大的经济收益，这当然与他的球技出众密不可分。然而，需要着重指出的是，即使乔丹退役之后，他的个人形象仍然具有强大的感召力，凭借具有巨大价值潜力的公众形象这个资本，他本人在社会上仍然具有极高的知名度，以他的形象和名字命名的产品依然占据着很大的市场份额，也给乔丹本人带来了滚滚财源。

由此可见，我们所处的经济时代的特点之一：形象已经成为一种无形资产，而且是一笔无法计量的财富。一个地区、一个企业、一个人，必须有好的形象，才可能保证前程似锦、"钱"途无量。

相反，如果缺乏了美好形象，对自己的形象不负责任，不注意维护，就会对你的前程和命运造成不良后果。

是的，对个体而言，当形象符合他人的审美需求，需要和适应相统一，就会引起他人的形象审美愉悦。这种审美感受广泛存在于人们生活的各个方面，如对他人风度翩翩的形象的倾倒，对一个形象高大的组织的由衷赞叹，对自己情有独钟的品牌形象的喜爱等。相反，那些低劣的丑恶的形象就自然会引起人们的排斥和厌恶。

随着形象重要性的与日俱增，人们越来越重视在社会其他成员心目中形象的好坏。因为这不仅关系到能否满足其自我尊重、自我表现的需要，更重要的是关系到社会影响力的高低，关系到事业的成败。

如在面试、洽谈等重大活动中，个人形象往往起着十分重要的作用。尽管塑造个人形象的关键在于学识、品质、性格、能力等内在要素，然而衣着、服饰等外在要素也绝对不可忽视。因此，人们在消费过程中越来越注重产品的品牌价值，热衷于购买国际、国内的名牌产品，以提高在他人心目中的信誉度和社会地位。

现实中，无论你是个什么样的人，无论你从事什么职业，在每一个场合，每一分钟里，只要有他人存在，你的一言一行、一举一动都在向他人展示着自己的形象。

丽莎从英国总公司到上海分公司出差，在大厦里等电梯，等到电梯停下，她正要进去，一个头发油亮、穿着西服的男人一个箭步抢到她的前面。进了电梯以后，她看清楚了，那是一个外表英俊的男人，他坦然、自信，根本不知道自己的举动给别人留下了怎样的印象。丽莎后来对朋友说："如果没有他这个猴子般的举动，我一定会认为他是一个有教养有成就的男人。但是我真为他的外表而感到可惜，为他作为一个穿西装的男人而可惜。"

是的，优秀的外表包装虽然能够引人注目，但是，相应的举止和修养才真正能展现出迷人的形象，让我们脱颖而出。然而，很多外表"卓越不凡"的人的举止却对不起他的外在，他们留给别人深刻的印象并不是杰出的外表、有修养的举止，而是自私的、缺乏教养的、让人反感和憎恶的低劣举动。

我们必须明确的是，形象——并不仅仅是你的外表包括长相、穿衣、发型、化妆的组合概念，而是你综合素质的体现，是一个外表与内在结合的、在流动中留下的印象。虽然个人形象首先体现在外表上，包括梳什么样的发型、穿什么样的衣服、戴什么样的眼镜等，但这些传递给人的只是初步的印象，更重要的是外表之下的东西，你的言谈举止和行事风格等。

它们在清楚地为你下着定义——无声而准确地在讲述你的故事——你是谁、你的社会位置、你如何生活、你是否有发展前途……形象的综合性和其包含的丰富内容，为我们塑造成功的形象提供了很大的回旋空间。

古人云："有诸于内，必形于外。"万物皆有内外之别，形象亦有内外之分。内在形象与外在形象须臾不可分。外在形象是内在形象的外化形式，内在形象是外在形象的灵魂所在。

当然，外表与内在对于形象哪个更重要，在不同的时间（主要是时间长短）以及不同的场合是有所侧重的。但不管怎样，只要你具有良好的整体形象，在他人的印象中口碑极好的话，那么你在生活和工作中都会如鱼得水，如虎添翼。

◎形象点拨

形象的触角已延伸到社会生活的各个角落，人类正在步入一个形象制胜的时代。形象制胜作为人类社会发展的某种趋势，体现了时代发展的根本要求，因此必然内蕴着积极的社会心理价值取向。

实力均衡时靠形象制胜 ◀◀◀

国外某学者研究人类的发展历史，提出这样的一个论断：农业文明时代道德制胜；工业文明时代法制制胜；后工业文明时代形象制胜。也就是说，人类在以良好的道德、法制为基础步入信息文明之后，形象制胜将成为不可逆转的发展趋势。

在当今信息社会，形象是重要的决定因素之一，已经成为个人或组织实力的标志。尤其是在实力均衡的条件下，在激烈的竞争中主要依靠形象制胜。

2005年英国大选，尽管遭受伊战谎言等问题的困扰，但执政的工党在民意调查中依然保持领先。很多人认为这是工党执政期间经济增长稳定、失业率低的功劳。但事实上，这与工党领袖布莱尔首相的头发有很大的关系——在政治主张区别不大的情况下，领导人的形象往往能决定选票的流向。

这样说也许会令你感到诧异，但这是有大量事实依据的。英国资深政治记者纳森·迈特兰德就此分析道："英国主要政党对国家重大政策的立场大同小异。在这种状况下，愈来愈多的选民只能依照本能来投票。最新的民意调查显示，在80万关键的游离选民中，60%的人表示领导人形象决定了他们选谁。与保守党和自由民主党的领袖相比，布莱尔首相仅仅'略见稀疏'的头顶少说可以替工党多挣到50万张选票。"

回顾英国的历届选举，这种看似荒谬的说法却与事实"不谋而合"：2001年布莱尔对黑格——青丝胜过秃顶；1997年，布莱尔对梅杰——黑发战胜白发；1992年，梅杰对秃顶的基诺克——后者虽被誉为"本世纪英国最杰出的政治家之一"，但还是输给了满头白发的梅杰。自丘吉尔战胜了比他头顶更光的工党党魁阿特利之后，任何一位没有头发的竞选者都没能入主唐宁街。

事实上，形象对政治人物的重要性并不仅仅体现在英国。一项研究显示，在美国，有头发的人当选为议员的可能性比秃顶高出四倍。意大利总理贝卢斯科尼曾经植发，德国总理施罗德也曾因为媒体报道他"可能染头发"而怒上公堂。因此，迈特兰德不无戏谑地建议各党领袖："忘记健康、教育和交通问题，多花点心思在你们的头发和牙齿上。"

因为，形象对个体的凝聚力而言，主要表现为其吸引他人关注、信任、支持的程度。

英国的维珍集团总裁布兰森就把这招用到了极致：布兰森那种高扬个性、爱出风头的个人形象使他和他的企业在相对比较保守的欧洲文化中相当耀眼和突出。更为重要的是，布兰森的这种定位恰恰迎合了欧洲人需要适当张扬个性，适当改变旧有古老文化传统的内在心理愿望和需求，如果不是这样，布兰森和维珍集团那如此杂乱的多元化经营必定难以制造出如此惊人的成功。

由此可见，在人类跨入21世纪的今天，形象越来越成为个人以及企业生存发展的决定性因素之一，形象制胜已经成为历史发展不可逆转的强大趋势。

从人类历史的演进中，从社会生产的发展中，从人类消费的变化中，我们可以提炼、升华和捕捉到这样一个事实：无论社会和制胜因素如何起伏变化，最终都将汇入形象制胜的大趋势之中。

如今，以知识经济为特征，以和平、发展为主题的信息时代又一次翻开了形象制胜的全新篇章。上至国家、地区、民族，下至组织、团体、个人，要想在未来社会中扮演重要角色，要想赢得世界其他成员的支持与合作，就必须清醒地认识到时代发展的形象制胜趋势，从而自觉地将形象作为一种思想意识、指导原则和价值观念，予以身体力行。

形象制胜观念不仅是时代内涵的体现，而且也是人类未来价值取向的导向和前瞻，同时更是人类终极价值的期盼。这种观念一旦形成、确立，就会转化为一种巨大的力量，即一种推荐力、吸引力和感召力，它能帮助个体在社会竞争中更加充分地实现自身价值。

在今天艺术与生活、传统与现代相互交融的时代，在人们日益注重形象、追求时尚、彰显个性的新世纪，不容置疑，形象就是财富，形象就是实力，是你取胜的有力保证。

形象的光环外笼罩着成功机遇 ◀◀◀

形象成为成功城堡的敲门砖，形象的光环外就是你的机遇之神，这是现代社会发展的结果，是形象在社会中的作用和地位日显突出的根本标志和必然趋势。在今天，"形象"的意义比以往任何时代都显著。"形象"已成为当今社会的核心概念之一，人们对形象的依赖已经成为了一种生存状态。

已转战西班牙皇家马德里队的英国"足球金童"贝克汉姆，不只靠"脚"吸金，他的肖像权更是许多厂商的"必争之物"。有消息称，美国迪斯尼公司打算以1800万英镑（约2.2亿元人民币）的高价买下他的"人头"——肖像权,让贝克汉姆化身为卡通超人。

另一则消息称,杨澜的互联网事业使她一个月就成为一个身价八亿四千万的商界巨人,好像这是一个笑话或者超级笑话一样。但这确实不是笑话,TOM.COM就是她的前例。杨澜的出现,导致注意力集中在她的身上,股票飞速发展,注意力聚焦成就了她的八亿身价。

由此,我们有必要谈一谈"注意力"。诺贝尔经济学奖获得者赫伯特·西蒙说:"随着社会的发展,有价值的不再是信息,而是别人对你的注意力。"也就是说,进入网络时代后,信息既不稀缺,也并不难以获得,此时稀缺的是注意力。

所谓注意力,是指人们关注一个主题、一个事物、一种行为和多种信息的持久度。我们可以把人们关注信息和事物中的接受端提取出来加以量化,这种量化会形成一大笔无形资产,因而就具有价值。现在世界上信息量是无限的,而注意力是有限的,有限的注意力在无限的信息量中会产生巨大的价值。

而构成"注意力"的本质要素是什么呢?那就是"形象"。因为有"形象"才有"注意力",有"形象"才有"注意力效应",进而才可能因有"注意力"而产生经济效益。

人类正在进入一个"形象经济时代"。著名的美国未来学家阿尔温·托夫勒对此做过相应描述:"我们目睹一种深刻的变化,即逐步加快了提供转化为形象的信息的平均速度。形象信息的波涛变为汹涌的巨澜,越来越猛烈地袭来,好像在寻找注入我们神经系统的信道。"

Goldhaber说:"获得注意力就是获得一种持久的财富。在新经济下,这种形式的财富使你在获取任何东西时都能处于优先的位置。财富能够延续，有时还能累加，这就是我们所谓的财产。因此，在新经济下，注意力本身就是财富。"

注意力形成经济，争夺眼球形成竞争，英特尔的前总裁葛鲁夫认为：整个世界将会展开争夺眼球的战役，谁能吸引更多的注意力，谁就能成为下世纪的主宰。

但是，"注意力"已经成为当今商业社会中最为稀缺的资源。

现代社会过多的资讯压力，已经超过了人们注意力的负荷，引发了"注意力匮乏"的问题。当资讯的供给超过需要，注意力就会下降。因此，面对排山倒海而来的资讯，一个人的注意力就立刻变成了稀缺资源。

那么，如何支配一个人的注意力，如何防止注意力的涣散，如何吸引注意力，如何使注意力发挥最大效益呢?

不以"形象"为前提，"注意力"是无从谈起的。从这个意义上说，"注意力经济"应该作为"形象经济"的注解，一个人或一个组织能获得大量的注意力资源，无疑会大大提高其生产力水平。

也就是说，一个组织或一个人要获得大量的注意力，形象塑造无疑是最有效的途径。形象塑造的目标就是直击社会公众的"眼球"，形成强烈而持久的"视觉"冲击力。加强形象塑造对一个组织和个人的生存、发展具有深远的战略意义。明白此点的人和企业将会成功，反之则会失败。

形象就是生产力，就是资源，形象就是最有效、最持久的市场广告和无形的巨大财富。有一个美丽的形象光环，那么，你的财运指数将会迅速飙升，你必然因此而财源滚滚，"钱"程无量。

"盛名"也是一种商品 ◀◀◀

形象的传播，所能达到的理想功效就是"不见其人，只闻其名"就有"久闻大名，如雷贯耳"的效果，这从一定意义上来讲，你就拥有了自己的个人品牌。如果不是"盛名之下，其实难副"的情况，你的名字也同样成了商品。

在非洲的某个部落，有这样一个习俗，当一个人触犯了部落的规矩之后，他的名字就会被取消，这个人就成为了名副其实的"黑人"。

如果说在上述自然经济的社会中，名字更多体现的是社会道德含义的话，那么，在市场经济之下，名字则更多地表现出经济层面的含义。这是因为，从自然经济过渡到市场经济以后，人也已经从自然人变成了经济人。就如同一个企业一样，人的名字本身就是"经济人"这个独立企业的品牌，同样具有无形资产的所有经济学含义，自然也具备货币价值。

古人曾云"惜名如金""雁过留声，人过留名"，在这样一个市场经济社会中，名声更是重要的社会资本，可以像真金白银一样带来滚滚财富。

通俗地讲，"克林顿"这个名字就是克林顿这个"企业"的品牌，克林顿通过出版自传、发表演讲、参加商业活动等经济行为来经营自己的同时，也在利用和打造"克林顿"这个品牌。他的LOGO就是他那灰白的头发和具有明星气质的红润脸庞。当然，他也可以进行委托生产，比如把"克林顿"这个品牌交给某个萨克斯生产商或者雪茄厂。

可口可乐在全球的工厂即使一夜之间化为灰烬，单凭"可口可乐"这个品牌就可以在银行中拿到300亿的贷款。人的名字也是如此，比如《哈里·波特》的作者罗琳女士凭借其名字即可在《哈里·波特》第四集尚未动笔之时就得到预付稿酬一千多万美元。

个人品牌所表示出的经济形式就是名字的经济价值及其社会体现。在这里，一个人的名字就不仅仅是社会学意义上的"人"的代号，而是包含了认知度、忠诚度、美誉度的一个品牌。这个品牌在经济活动甚至在非商业的人际交往中，每做出一个动作、每说出一句话都是在经营自己。

因为"盛名"具有巨大的效益作用，所以，社会上许多人采取了不恰当的包装方式，千方百计把自己包装成名人。在甘肃有一个卖砚台暴发了的大款，他就把自己的出身吹嘘成是"一门五凤"的书香门第，至于"一门五凤"到底是什么意思，连他自己也弄不清楚，但拿了他赞助的媒体无不按照他的说法，把他说成是书香子弟。

现在，暴发的大款经常给自己买个什么博士头衔，给自己买些社会名流的职位，更严重的，假造出辉煌的出身和不凡的经历，然后在世人面前招摇。

戈培尔说，谎言重复一千遍就成了真理。同样，虚假的包装重复一千遍，也会把无名之辈炒作成名人。利欲熏心者无不紧盯媒体，原因正在这里。

俗话说，要像鸟儿爱惜自己的羽毛一样爱惜自己的名誉。但是，鸟儿爱惜自己的羽毛，是鸟儿确实已经有美丽的羽毛，它怕它的羽毛被毁坏、被玷污，而如果一只鸟儿居然没有什么羽毛，那它

◎形象点拨

形象成为机遇之神，是现代社会发展的结果，是形象在社会中的作用和地位日益突出的根本标志和必然趋势。

也就没有什么爱惜的可能了。

目前那些以炒作、说谎、欺骗来博得名声的人，之所以做出许多让人大跌眼镜的荒唐事情来制造虚名，除了虚名的诱惑和回报太大之外，他们实在也没有什么值得爱惜的"羽毛"。

林肯说过："你能在所有的时候欺骗某些人，也能在某些时候欺骗所有的人，但不能在所有的时候欺骗所有的人。"欺骗是不能持久的。我们必须知道，好名声的积累与财富的积累一样，同样需要时间，需要耐心，需要正当的手段。

当然，拥有个人产权的人在收获自己名声所带来的利润的时候，也要为经营自己所产生的风险负责。正如现代企业的另一个特征：盈亏自负。这一点，相信在名声浪头起伏跌宕的史玉柱、胡志标等人有更加深入骨髓的切身感受。

也许，对于我们这些"无名之辈"，要想扬名立万的确不是一件容易的事，但是无论怎样，名字、名声对我们是至关重要的，我们应时刻有这样的意识，那就是在我们有限的圈子里珍惜自己的声誉，并且逐步扩大"知名度"，当你的美誉愈传愈广的时候，你自身的价值也就会自然而然地上升。

形象是你个人能力的广告牌 ◀◀◀

形象是一种力量，也是一种竞争的资本，要想在职场的波峰浪尖上不被淘汰，树立良好的形象是关键！

世界上没有难看的人，只有不懂得如何把自己打理得得体的人！对自己形象的关注也是在职场中添加筹码的一条捷径。

在人生的各个阶段中，由小学、中学，到大学，甚至研究生，毕业后战战兢兢地步入社会，孜孜不倦地工作，许多人不断充实自己，给自己充电，学习专业技术、加快工作效率、调整人际关系、促进心灵成长……追求的无非是成为一个更快乐、更成功的人。

然而大部分的人花了无数精力和金钱专注地投资于内在的提升，可是却忽略了非常最重要的一点：那就是让自己的形象也同样具有说服力，同样吸引人。这就好像穷尽毕生心血创作了一本专著，却将封面草草了事一样令人扼腕。

现代社会职业越发展，职业生活越丰富，人们在职业选择和职业活动中的主体地位也越突出。同时，人们在职业生活中的竞争也日趋激烈，良好的职业形象往往成为人们在竞争中制胜的法宝。

刘涛毕业于中国一所名牌高校的法律系。毕业时，他充满了蓄势待发的豪情、青春的朝气、前卫的思想，梦想着丰富的待遇和轰轰烈烈的事业。他深信"人的真正的才能不在外表，而在大脑"，于是追求不拘一格的休闲穿衣风格，对那些为了寻找工作而努力装扮自己的人，他嗤之以鼻。因为他认为真正爱惜人才的现代化公司不会以外表衡量人的潜力。如果一个公司在面试时以外表来论人，那么这也不是他想为之效力的企业。他不仅穿着休闲裤、T恤衫，而且还穿上一双与时代气息格格不入、但自认为非常代表自我个性的"老头"黑布鞋，他认为自己独特的抗拒潮流又充满叛逆性格的装束，正反映了自己有独特创造性的思想和才能。

然而，这些却让他屡屡品尝了失败的苦果，他去一次次面试，却一次次地以失败告终。直到有一次，他与同班同学被某公司召去面试后才幡然醒悟。

看他的同学，真可谓全副"武装"，看起来俨然是一个成功者的姿态——潇洒的发型、干净的面容、西装革履，手中还提了个像模像样的公文包。再看一看他自己，依然是那套"潇洒"的休闲服，外加上我行我素的"性格宣言"的黑布鞋。

当他进入面试的会议室时，看到约有七八个面试官，全都是西服正装。他们看上去不但精明强干，而且在气势上感觉很压人。相比之下，刘涛那不修边幅的休闲打扮，就显得如此与众不同、不伦不类，简直是格格不入。巨大的压力和相形见绌的感觉使刘涛"恨不能找个地缝钻进去"。他没有勇气再进行下去，不得不放弃了面试的机会。他后来说："在当时，我以前所有的自信和狂妄一时间全都消失得无影无踪了。"

也许刘涛真该好好研究一下西方学者雅伯特·马布蓝教授所讲的7/38/55定律。

根据此定律，外表形象有时比内在还重要，在整个表现上旁人对你的观感，只有7%取决于真正谈话的内容；而有38%在于辅助表达这些话的方法，也就是口气、手势等；还有高达55%的比重决定你看起来够不够分量，够不够有说服力，一言以蔽之，也就是你的"外表"。由此可见，在专业形象上，外表的重要性有时远比内在更胜一筹。

如果外表不细心修饰，一个人的内在永远只呈现了7%，就好比一片蒙尘的玻璃不能让人看清风景的美丽一样。反之，当外表妥帖得宜，7%的内在可以延展出满分的力道，换句话说，同样的你，可以看起来像100分，也可以看起来只有7分。

所以说外表正是让内在得以与外界沟通的桥梁，唯有恰如其分的外表方能正确无误地将内里讯息传出去，这座无形桥梁虽然没有嘴巴，声音却很大，往往一个人的内在很专业，而外在却不够专业或者毫不在意，都会直接地影响到别人对你能力的肯定。

在这个讲求品质，更注重包装的时代，"不以貌取人"的观念已经落伍了，如果能让外表为你的内涵轻松加分，那么何乐而不为呢！

在此，并不是说形象决定了一切，但是美好的形象绝对是通向成功的一块开山之石。因此，注重形象是每一个人应该从现在开始就必须密切关注的问题。

但像上面所提到的刘涛一样，许多社会新鲜人也认为，只要拥有一技之长就可行走江湖。然而在职场中，在专业愈益细密的分工下，没有人是不可取代的。相形之下，透过专业所反射出的个人职业形象，以及是否能将自己的形象传递到正确的人际脉络中（职场能见度），让人知晓，进而牵引出新的工作机会，往往才是决定一个人职场长期发展胜负的最大推动力。

而且，愈是职场经验丰富的人士，对于"个人职业形象"与"职场能见度"的影响力，愈是有深刻的体会，因为——那才是决定你上车后能否取得"座位"的最后关键。

记住，现在已不是"埋头苦干"的时代，而是到了要"抬头苦干"的时代。除非你在工作上能碰到对你情有独钟的"伯乐"，否则，"埋头苦干"就等于消极地将自己的职业生涯交到别人手里。

◎形象点拨

个人品牌所表示出的经济形式就是名字的经济价值及其社会体现。在这里，一个人的名字就不仅仅是社会学意义上的"人"的代号，而是包含了认知度、忠诚度、美誉度的一个品牌。

专业形象——辉映你的智慧与才华 ◀◀◀

看过一集电视论坛，对当时出席的一位嘉宾实在不敢恭维。作为嘉宾，出席论坛这种较为正式的场合的着装实在是过于随意和不修边幅了（不知道的还以为哪个工地的老大走错场了）——看看那金属皮带扣搭配褶皱繁复的阔脚裤，加上上衣本身就是宽松款式，使本来已臃肿的身形更显臃肿。再看看腰间别的那部手机，使他更像是个刚做完采购的个体户。

要知道，我们日常显示出的种种形象特点，就像标点符号一样写在每个职业人的脸上、身上，是个人职业的标点，对职业成功有着重大影响。

专业的形象，辉映出你的智慧与才华，良好的专业形象不仅能够提升个人品牌价值，而且还能提高自己的职业自信心。

如果职业人的职业形象不能体现其专业身份，不能给他人包括你的客户带来信任感，那么再高超的职业技能也都是徒劳。特别是对于日益发展的服务行业来说，客户对服务产品的认可，更多地来自于服务者本身。政府机关、事业单位工作人员的职业形象同样重要，若不重视就可能破坏与合作伙伴的关系，或者降低服务水平。

这是一个真实的故事。一位有习惯性流产史的妇女，在第三次妊娠时，已经34岁。为了保住胎儿，她遵照医嘱"绝对"卧床保胎。妊娠初期，前两次流产的经历像梦魇一样总在脑海出现，天天在恐惧和紧张中度过。按照与医院的约定，有医师定时或随时到家里进行必要的检查和照护。该妇女在保胎八个月后，平安地分娩了一个"宝贝千金"。后来，她和家人回忆起这段"保胎"经历时，常提及来访的医师总是那么靓丽、精神焕发、生机勃勃。他们还注意到，这位来过十多次的医师，居然没有穿过重样的衣服，每次的穿着都十分合体。她的言谈举止，从内到外都透露出"生活是美好的""一切都是有希望的"的信息，对该妇女产生了深刻影响。患者对医师的这种感觉，医师可能难以意识到或察觉，但医师的形象却是医患之间无言的沟通手段。就这样一个医师以她良好的形象体现了乐观、积极的精神，同时对病人及其家属也起了很大的示范和鼓舞的作用。

上面这则故事就深刻地反映了形象对你本职工作所起的重要作用。形象决定了你的工作业绩和职业的成败。而从国际化的大方面来讲，这种形象是有一定标准的。而且这种标准，不能说这个人是西班牙人就是西班牙人的标准，这个人是中国人就是中国人的标准，现在人们的标准基本上已趋于相同了。

假如你在一家跨国公司里工作，不会因为你是中国人，人家就可以包容你的形象差一点。所以说，保持好形象是一种生活态度和生活方式，是一种学习精神。如果你今天站在他人的面前，你的衣着别人认为还是可以的，但是你的仪表，别人认为和你的衣着并不能够吻合，别人仍然不能够接受你。

不少业务人员费尽心力推销产品，殊不知业务销售的第一步，其实首先是要把自己推销出去。而推销自己，形象起着极其重要，甚至决定性的作用。如果连自己都推销不出去，产品再好、服务再周到，恐怕连开口卖产品的机会都没有。所以说，你的形象直接影响你的业绩，如果穿着得体、给人的形象良好，就有助于你更快赢得他人认可，专业也比较容易受肯定。

比如，保险顾问就必须打扮稳重，让客户产生信赖感；理财顾问则要让高级客户放心让你理财；即使是讲究穿着的公共、广告业人员，讲时尚也不能过了头，不然会给人轻浮、不脚踏实地的感觉。

从职业持续发展的角度看，职业人应该为自己希望从事的工作选择着装，而不仅仅是为已有的工作着装。塑造良好的职业形象，要考虑到符合自己的职业气质、个人年龄、办公环境、工作特点与行业要求。对待职业形象不可肆意妄为，也不必过分刻板，要在遵

◎形象点拨

变色龙——入乡随俗的人，比离群和固执己见的人，更有可能在事业上获得进展。建议你根据你的职业身份设计一个显示你自己的专业个性的塑造方案，然后使每件事都按照这一方案进行。

循行业标准的基础上，针对不同的场合采用不同的表现方式，做到既尊重他人又展现自我。

"在当今这个发展迅猛的商业社会里，一个公司必须在其从事的每一件事中表达出这个公司特有的个性来。"而对于当今的个人专业形象塑造来讲也应如此。从你的正式商业展示表演，到你的汽车内部摆设，再到你身上佩戴的流行饰物，你所塑造出来的形象应该是一种绝版的专业形象。

想要当副总看上去就要像一个副总 ◀◀◀

形象设计大师索尔比给热爱成功的商界男孩的忠告是：你的职场目标是什么，你就穿得像什么。如果你现在只是保险公司的初级文员，你想成为推销员，那就把自己打扮成一个十足的跑街先生。如果你的目标是公司的副总，那就像目前的那位副总一样，用国际名牌来武装自己。

你的职业形象直接或间接影响你个人晋升的几率。许多人以为有实力就够了，只要能力强、工作表现好，升迁机会绝对少不了。不过，在大家能力相当、表现也都出色时，你的整体形象就显得格外重要。

有位主管朋友讲了他同事的"悲剧"：

这位王姓女同事其实工作能力很强，与同事相处也都融洽，唯一美中不足的一点是：她的外表实在有点邋遢，不喜欢化妆，也似乎对自己的不修边幅毫不在意。她常常搞不懂为什么自己工作非常认真努力，可是升迁总是轮不到她？

这位主管说："其实，旁观者都看得出来，这是因为她的外表实在很吃亏，而不是工作能力的问题，可是谁又能开口告诉她呢？每每遇上重要的业务想让她接洽，却总担心客户以貌取人，认为这是一家不注意形象、不专业、不敬业的公司，毕竟公司输不起自身的形象。"

从上述的分析中，我们也就不难得出王姓女同事不能升迁的原因了。形象设计大师乔恩·莫利就说过："那些穿着不合身的化纤西服、陈旧的衬衣和耀眼的领带的人，是没有机会走到公司的上层的。"《迈向CEO之路》中也提醒：如果你看起来没有那个"架式"，你就不可能有机会去展现你的沟通能力、个人魅力、个性以及你精彩的思考与创意。

据著名形象设计公司英国CMB对300名金融公司决策人的调查显示，成功的形象塑造是获得高职位的关键。美国著名形象设计师莫利先生曾对美国《财富》排名榜前300名公司的100名执行总裁调查，97%的人认为懂得并能够展示外表魅力的人，在公司中有更多的升迁机会；100%的人认为若有关于商务着装的课，他们会送子女去学习；93%的人会由于首次面试中申请人不合适的穿着而拒绝录用；92%的人不会选用不懂穿着的人做自己的助手；100%的人认为应该有一本专门讲述职业形象的书以供职员们阅读。

就连大家认为最不重视穿着打扮的科技业，曾经有家公司要招一名高层主管，国内外上百封应征信如雪片般飞来，几乎人人都有博士学位与丰富经历，层层筛选最后挑出两人，落败者之所以坐不上高位，就因为他"看起来"没有主管的样子，会坏了公司的形象。

现实中，有多少优秀的人才长年在一个位置上停滞不前，是他们不再努力，还是缺乏才智？都不是，而是他们没有展示出他们的潜力，他们的形象就让人相信："他们不适合更高的位置！"

在成功的每一个台阶上，都包含着理性的修炼、自我成长的哲学、在现实社会中的处世原则、对人性心理的理解、灵活而多维的思维方式以及高瞻远瞩的雄伟气魄，这些正是现实中很多身在职场的人所缺少的，因而导致许多有才能的人不能走向领导阶层。

穿得像在位人是敬业，为下一个职位而穿则是智慧。这里所说的为下一个职位而穿就是穿衣打扮稍微升级一些，让自己看起来是同阶层中最好的，特别是当大家的能力不相上下的时候，透过衣着的编码展示出一个与期待的职位相符的形象，展现出一个有潜力、值得信任的形象，的确可以创造出自己在团体中的"能见度"，进而脱颖而出。

不过还应该提醒大家，千万别把自己的外表塑造成远远超过目前你所处职位的样子，以免给人华而不实的错觉，或者不小心树敌，反而误事。

每位员工都是企业形象的代言人 ◀◀◀

时下，一些员工认为，自己是普通一员，领导怎么讲就怎么干，树立企业形象是领导干部的事，与自己没有什么关系。其实，这种观念是十分错误的，对你前程的影响也是令人担心的。

我们应该明确的是，一个企业的形象是由该企业里每一个员工的具体形象体现出来的，每位员工都是企业形象的代言人。员工形象是企业形象的根本，人本原理是现代管理的基本原理。员工是企业的细胞，是企业的最小生命单位，也是企业形象最具权威的载体和代言人。

员工适时得体的衣着、打扮、言谈举止往往形成照耀公共活动的"晕轮"或"光环"。这种"晕轮"或"光环"的"亮度"能否形成，还取决于你的员工是否遵从形象规范。这种"晕轮"和"光环"的"亮度"或"强度"则取决于形象的具体表现是否恰到好处。恰到好处的展示不但令公众产生信任和好感，而且会使合作过程充满和谐与成功。如果公众对公共人员的彬彬有礼留下了深刻印象，他可能会联想到这个组织的员工整体素质一定不错，从而相信整个组织也一定会强有力。

而员工的形象更多的是表现在细节方面。下面，就是一个几乎令人不可思议的事例。

某单位的员工李小姐因为手机铃声"不合格"被老板炒了鱿鱼。

那位被炒了鱿鱼的李小姐的电话铃声是这样的："是哪个傻瓜找我，哪个傻瓜这么烦啊，我正忙着呢！哟，是你这猪头啊！你烦不烦啊？"电话里劈头而来的就是一阵叫嚣，稍停片刻，那泼妇似的声音再度响起，"你这猪头的电话我就是不接，就是不接，我气死你，气死你，气死你，哈哈哈……"

据李小姐说，当初她设定这个手机铃声，只是一时觉得好玩，希望给打电话的人一点点刺激。而且当时同事们的手机铃声五花八门，比这过分的大有人在，她也就没有太在意，设定之后就很长时间没有改变过。时间一长，她甚至都忘了自己曾经给手机设定过这样一个铃声了。

突然有一天，李小姐接到所在公司财务部门打来的电话，让她去结算工资。她经过询问才弄明白，原来公司已经决定将她开除

◎形象点拨

要想在单位里或作为一个自由职业人给人留下印象，就得学会推销自己，提高自己的知名度。在一个人人都努力工作的单位里，个人形象和知名度就不仅仅是一件小事了。当然，让别人扮演你的宣传代理的角色，会收到极佳的效果。

了。李小姐对此感到非常意外，自己工作一直很努力，怎么莫名其妙地就被开除了呢？她去找经理询问开除她的理由，经理说她的铃声太有"个性"了，已经有多位客户把电话打到公司，对此进行投诉。李小姐于是连忙向经理道歉，并表示回头就把铃声换掉，但经理表示一切都无可挽回。

李小姐所在公司的经理王先生说：之所以要炒掉李小姐，是因为李小姐从事的是销售工作，对外代表公司的形象。"她用这样的铃声，已经得罪了很多客户，损失了几十万元的业务，如果所有的销售人员都这样，我们的生意还怎么做？"

管理学家怀利在《公司形象》一书中就明确指出过："如果通过外表、行为和客户的关系，公司的职员能传达公司的价值，这个公司就是成功的企业。"李小姐的失误，也许就是因为不明白这个道理。

杰克·韦尔奇这位世界著名的CEO，就对员工的形象有严格的要求。他定期察看职员的照片，那些"肩膀低垂、睡眼惺忪或者耷拉着脑袋的人，我就毫不犹豫把他指出来，说：这家伙看起来半死不活的！他能干好什么？为什么不把他调走？"

美国的大企业也认识到，属下员工的形象，可影响公司业务的拓展。因此，像可口可乐、美国电话电报、IBM、兰克斯乐和汉华实业银行等，都聘请形象顾问辅导员工。

细节决定成败。员工的一言一行都代表公司的形象，所以，千万不能忽视细节，它们将直接提升或损害企业的形象，也直接关系到个人的前途。

最近，在报纸上读到这样一则故事，说某家企业与日本合资开发市场，企业员工中自然就有很多的日方员工。该企业坐落在比较偏僻的市郊，附近只有一家饭店，也很受该企业员工欢迎。每天到了下班的时候，员工们都会到饭店喝酒。该饭店室内空间有限，晚到的只能坐在屋外。有人发现，每次喝酒坐在屋里的都是身着统一制服的本地企业员工，而坐在屋外的都是身着便服的日方员工。

有人见了很奇怪，便问日方员工为什么总是晚到。日方员工解释说："我们每次下了班以后都先回宿舍把制服换成便服才来喝酒，所以就晚到了。我们喝酒时容易醉酒出现窘态，制服上有公司的名字，换了便服别人就不知道我们是该公司的员工，这样就不会损坏公司的形象。"

读了这个故事后，我们能感受到在平凡的岗位上，我们不但是在履行着自己的职责，同时还是企业形象的代言人。企业的发展不只在于员工辛勤的劳动，更深层次的在于员工时时刻刻为公司形象着想的这种精神。形象大使不是俊男靓女、影视歌星们的专利，我们每一名员工都应该当好企业的形象大使。

"每位员工都是企业形象的代言人。"员工的举止言行、衣帽服饰等符合公共礼仪的要求，不仅反映出个人素养，而且某种程度上也代表着所在社会组织的形象。

第2章

形象是个人素质修养的折射

一个人的形象，不仅要看其衣装打扮，更要看其内涵。良好的外表打扮与精神美和谐地统一，这才是最好的个人形象。假如一个人没有相应的内涵，尽管打扮得很酷、很帅、很入时、很引人注目，但他的形象也不会美。

◎形象点拨

要打开升迁的大门，形象管理就是开门的这把钥匙，努力工作，不一定会成功，但是懂得包装自己，却比别人更容易出头。

内外同一方可达"圣人"之境 ◀◀◀

作为个体的人的外在形象，即一个人的仪表风度、言谈举止、服饰穿戴等，是其内在形象的外化。不管是其仪表风度、言谈举止还是服饰穿戴，无不是其内在观念素质的体现。可以说，外在形象是内在形象的载体。

因此，评价一个人的形象，不仅要看衣装打扮，更要看内涵。良好的外表打扮与精神美和谐的统一，这才是最好的个人形象。假如一个人没有相应的内涵，尽管打扮得很酷、很帅、很入时、很引人注目，但他的形象也不会美。

人的衣装打扮、内涵和个人形象的关系就如一份礼物。衣装打扮是包装，而内涵就如包装下的那份礼物，个人形象就是整份礼物。一份昂贵而精美的礼物，如没有包装或包装得不好，就不能在第一时间引人注目，以及不能给人留下印象，甚至被忽略；但一份礼物包装得非常抢眼，拆开来一看，里面却令人大失所望，也会大大影响送礼的意义。

记得有位记者说，她在采访张海迪之前，总以为她一定是个梳着一对羊角辫，穿戴朴素的姑娘，没料到，现实中的张海迪——当代的保尔，竟是一位秀发披肩，身穿西装，谈笑风生的"时髦"姑娘。对此，那位记者深有感触地说，心灵与外表两者是完全可以统一的。正如现代社会的香港小姐，也要求内涵、外表兼备。

有这样一位推销员，经中间人介绍，去同某位老总谈一笔合作的生意，而这位推销员所销售的产品正是这位老总急需的，可以说这是一笔双赢的生意，而且做得好还会大赢。

看到合作的美好前景，双方的积极性都很高。在这位推销员自我介绍并出示名片之后，老总也拿出友好的姿态，递上了自己的名片。但这位推销员只用单手把名片接过来，一眼没看就放在了茶几上。接着他拿起了茶杯喝了几口水，随手又把茶杯压在名片上，那位老总看在眼里，记在心里，随意谈了几句话，就起身告辞了。

事后，那位老总郑重地告诉中间人，这笔生意他不做了，当中间人将这个消息告诉这位推销员时，他简直不敢相信自己的耳朵，一拍桌子说："不可能！他们是非常需要我们的货的。"他立即打通那位老总的电话，一定要他讲出个所以然来，那位老总不得已道出了实情："从你接我的名片的动作中，我看到了我们之间的差距，并且预见到了未来的合作还会有许多的不愉快，因此，还是早放弃的好。"

闻听此言，这位推销员放下电话痛惜失掉了生意，更为自己的失礼感到羞愧。一个接名片动作的失礼，就丢掉了一桩生意的事实，使他认识到，在生意场上，人们不是只看产品质量，更要看人的素质。

人的内在素质不是天生就有的，需要长期积淀，有意识地培植。

法国人说，告诉我你吃的是什么，我就能说出你是什么样的人。有一个美国人说，你穿的是什么样的衣服，你就能变成什么样的人。人们似乎活着活着突然发现自己其实连穿衣吃饭都不懂，需要从头学起，礼仪素养就这样被人们提到了重要的日程。

纵观人类社会的发展，随着社会交往的日益丰富和复杂，以及人们生活节奏的日益加快，人们在交往互动中，在重内容的基础上有越来越注重形式的趋势，交往互动日渐符号化、形式化，外在形象成为个体交往的"名片"。翩翩的仪表风度、不俗的言谈举止、得体的服饰穿戴等外在形象所展示的个人魅力，是一个人赢得他人亲近、认同、尊重的重要因素。

古语云："路遥知马力，日久见人心"，又云："酒香不怕巷子深"，这是指内在素质或内容的重要性。但在这个日新月异的快节奏的全球化、信息化社会中，人们又有多少时间来慢慢体味他人的内在素质呢？人们更多的是通过外在形象来认识、了解他人。

研究表明，经验的密度、知识的厚度、思考的深度、魅力的强度，以及是否具有创造力和个性，乃至资质愚笨或聪敏，善良还是险恶，城府深浅，所有这些都能显示在人的相貌（外在形象）特别是眼睛和神气中。而这种相貌仪容，虽有先天的因素，但更多的则是后天由环境、精神、修养锻炼以及人格所塑造的。

日本经济学家、教育学家小信三曾说："精于艺或是完成某种事业之士，他们的容貌自然具有凡庸之士所不具有的某种气质和风格。"印度著名文学家、诗人泰戈尔曾这样说过：一个人在30岁之后，就得对自己的长相负责。

另外，外在形象是个人增强其识别性的重要方面，以服饰为例，服饰是一种文化现象，是一种无声语言。美国华盛顿联邦银行总裁辛克利时常告诫属下的主管：如果你要别人以专家对待你，你就必须穿得像一个专家。一个人的着装往往能从一个侧面传递出一个人的修养、性格、气质、爱好和追求。

综上所述，人的内在形象与外在形象是有机统一的。内在形象通过人的实践活动将其内在世界对象化于外在世界，借助缤纷的外在形象（世界）而得以展露；或者通过个体的仪表风度、言谈举止、服饰穿戴等外在形象而得以展露。内在形象以外在形象为载体，外在形象以内在形象为根据。二者的有机统一才可达内外同一的"圣人"之境。

人之中下品易遇而上品难逢 ◀◀◀

生活中，常常听到人们议论别人。

"昨天一起吃饭的王小姐真有品位，同样的珠宝在人家的身上一点都不俗气……"

"唉，上次喝茶时的那个男人太没品，大家聊得兴致正浓时，他老是挖鼻孔。"

"笑死人啊，今天经理穿的西装商标还在袖子上挂着呢！"

"我最讨厌别人喝汤时发出咻溜的声音了。"

"她啊，穿再贵的衣服，还是没有品位，简直是糟蹋衣服。"

……

我们也许从来不在生活中一本正经地讨论什么是真正的品位以及品位的真正含义。但我们每个人都可以描述出一些有品位的形态和没品位的形态，并且有意无意地避免不够品位的做法，以免成为别人嘴里的话柄，成为别人茶余饭后的笑料。

那什么样的人才算真正有品位？

热爱旅游，四海为家，放逐于世界各地，过一种吉卜赛人式的流浪生活叫有品位吗？

喜欢美食，大吃大喝，业余写写美食评论，长个胖胖圆圆的肚子叫有品位吗？

熟知天文地理，涉猎广泛，热爱读书，最喜欢三毛和琼瑶叫有品位吗？

风趣幽默，谈吐雅致，满腹经纶，常常能把人逗笑叫有品位吗？

穿衣得体，整体装扮和谐自然，每天身着名牌服装出入于高档写字楼之间叫有品位吗？

喜欢喝咖啡，喜欢玩情调，喜欢在自然中感受生活的乐趣叫有品位吗？

都不是。

品位是所有生活的细节，是综合了所有方面的总述。上面的方方面面都只是片面的解读，而非全方位的把握。一个有品位的人，绝不仅仅是某一方面优秀，而是在大多数层面以内，他的生活细节符合主流的审美倾向。当然，这种审美倾向有时也是靠不住的。但在这个世界上，有哪些东西完全靠得住呢？某些时候，总得有些标准出来，这样才能使社会本身更趋向于相对较为完美的状态。

品位是外在的东西，是个体在成长的过程中随着审美观念的建立而逐步形成的个人生活习性，有精神气质的因素在起作用，也有物质层面所倡导的消费主义的力量。

我们说余秋雨有品位，很大程度上，并不是他的文章写得多好，或者他有多么深厚的学问、渊博的知识、貌似苦大仇深的面孔，而是他所表现出来的一种对文化的忧虑和关于历史与人生的深入思考。他懂得欣赏，也懂得批评；他的演讲大势磅礴，快意人生；他的文章引经据典，纵横捭阖；他的思考深入浅出，哲理性强……

我们说张艺谋有品位，那是因为他总能于细微之处发现我们民族深处的东西，并以影像的方式表达出来。对于镜头的美感的追求，对于导演技术上的精益求精，对于故事细节的雕琢，自然使他区别于一切没有根基和品位的导演。

我们说杨澜有品位，首先也许她天生丽质可以让我们对她多出一些好感。但除此之外，谁又会否认她打扮得体、笑容优雅、采访深入、懂得享受生活呢？她的每一个动作，每一个姿势，让人看了都感觉舒服。

有一个爱吃面条的作家写了这样一篇文章，他由面条的品位想及做人。他说，面条有三种品位：

上品——色味俱佳，让人吃得醋畅淋漓、回肠荡气；中品——家常面，或缺色或乏味，虽然不完美，但亲切实在；下品——颜色炫目，乍看之下很是诱人，但吃了却大倒胃口。

而形形色色的人也可分为上、中、下三种品位：

品性高洁、为人高尚正直的，与之相处，就如吃色味俱佳的面条，不仅充了精神之饥，而且深深倾倒于其人格魅力；另一种人实实在在、诚恳真挚，就像家常面，不管你喜不喜欢吃，但肯定能充饥；第三种人，总是夸夸其谈地卖弄其学识见闻，初接触易被其貌似丰富的外表所蒙蔽，但搁到实处，却百拙无一能，立即显示出愚蠢和无知来，相处一久，便令人心生厌烦。

在现代社会里，品位是个人对于自我的包装，这种包装形式随着社会的发展而发展，随着人们的审美标准和价值观的改变而不断地进步。人的品位对于个人的前途、事业、工作、交往有着重要的影响。每个人都希望与有品位的人士交往而拒绝没有品位的庸俗之辈，并借此完善自己。

面之中下品常有，上品难得一尝；人之中下品易遇，上品难逢。

其实我们每个人都有提升自己的机会，只不过，我们过于麻木，放走了属于我们的那些机会，任凭自己仍然日复一日地过着重复的生活，而没有试图改变它。就这样，我们在世俗的生活里越陷越深，品位一如既往。我们仍然保持着自己晚睡晚起的坏习性，保持着房间里杂乱无章的状况而懒得打扫；我们仍然不去扩展自己的交往范围,生活永远是一个小小的圈子;我们仍然以自己太忙为理由而拒绝充电,主动放弃了改变自己的可能性……这样慢慢下去,积习难改,我们这辈子永远都过着没有品位的生活!

尘世中人谁又能"跳出三界外,不在五行中"呢?三代才出一个艺术家,品位是培养出来的,人生一世不过短短几十年光景,既然处世不易,那么就该包装出人的品位和层次来!

靠行动建立诚信的口碑 ◀◀◀

人的声誉是个人形象的重要组成部分,而诚信可以说是声誉中的重中之重。

诚信,就是说到一定要做到。这听起来既简单又合理,但是绝大部分人就是做不到。记得一位名人说过:假如一个人兑现了他曾经许过的所有诺言,他一定会成为一位鹤立鸡群般的杰出人物。

在中国的传统美德中,诚信具有它的核心地位。古代的圣人先哲早早就意识到了这一点。

儒教就把诚信作为立人、立国、立世之本。孔子说:个人不讲诚信,就好比驾车没有辕和轮一样,寸步难行。人在社会政治、经济、文化等交往活动中,要取得他人的诚信,首先自己要对他人诚信,才能建立和扩大自己的信誉,给各种交往活动带来极大方便。换言之,如果在各种交往活动中不讲诚信,言而无信,就等于欺骗。人第一次可能受骗上当,第二次就很难再受骗上当了。所以,一个人不讲诚信,等于在毁灭自己。

现代人但凡成功人士,都知道诚信的声誉在事业中的重要性。李嘉诚在接受美国《财富》杂志专访时,吐露了他的成功之道就是恪守诚信。

在法国侨界当中，有一个很有名的公司叫陈氏兄弟公司，陈氏兄弟是指陈克威、陈克光二人。他们是1975年从老挝来到法国的。因为老挝实行国有化，他们原来的企业被没收了。来到法国时作为难民，自带的钱当然十分有限。今天，陈氏兄弟公司已经发展成法国侨界最大的公司之一，年销售额超过两亿欧元。他们刚到法国时，生活很艰苦，陈克威夫妇二人学习做豆腐，凌晨两三点钟起床。此时的陈克威已经不是个小伙子了，而是知天命之年的人了。有朋友问他，为什么你的生意做得这么好，公司发展得这么快。他回答两个字：诚信。他在老挝做生意时，在泰国、中国香港有一批朋友，相互信任。泰国、中国香港的朋友可以先把货发给他，他把货卖出去之后再付款。他的公司就是这么发展起来的。

由此可见，诚信是你的发展能源。有诚信则走遍天下，无诚信则寸步难行。如今是信用抵万金的社会，没有信用，你将一事无成。所以，我们宁可殚精竭虑树立个人良好信用，也别上信用黑名单。信用的好坏已完全影响到一个人的工作、学习和生活的方方面面。如果说时间就是金钱，那诚信就是生命。

要想树立诚信的形象，提高自己的信用度，那么你起码要注意以下几条原则。

1. 立信重在行动

讲信用的基本要求是言行一致，"说到做到"。"说到"是信用的起点，"做到"是信用的兑现。只有行动兑现了承诺，才能得到对方肯定性的评价，才算讲信用。可见，信用不是靠嘴说出来的，而是靠行动建立起来的。

有些人嘴上说得好听，行动上却不全力兑现，甚至背信弃义，这些人说的"海誓山盟"便一文不值。而守信的人，一旦承诺就付诸行动，当诺言无法兑现时就犹如头上悬石，寝食不安。在兑现承诺的过程中，有时遇到意想不到的困难，他们宁肯自己承受损失也要恪守信用。

比如，有位农民要盖房，便托人从外地买木头，朋友千方百计为他操持，并运到他的门前，核算下来费用比当地高出三分之一。这个农民的妻子感到吃了亏，想不要。可是这位农民说："我当时和人家说好的，不管什么价，只要弄来就行。'君子一言，驷马难追'，如果咱说话不算数，以后还怎么见朋友？"他虽然多花了几千元，但是心安理得。他说，损失些钱财，换得了信用，值得！

2.立信不分事大事小

大事上要讲信用，在小事上也含糊不得。比如约会，虽是小事，但同样应守信，说几点就是几点，只能提前不可推后。有些女青年与男朋友约会，常常故意晚到或不到，以此来考验男士的诚意。如此不认真赴约，实在是拿自己的信用开玩笑，难免自食其果。

田中年轻时，有一次与恋人约会，他按时到东京神田水果店前等候，约定时间过了，还不见恋人的影子。他暗想，我最多等她30分钟。过了30分钟，他抬腿就走。这时，只见姑娘从远处姗姗走来。田中瞪了她一眼，一言不发，钻进汽车走了，两个人从此绝交，姑娘十分懊悔。他的做法也许有些过分，但这件事也告诉我们，在小事上也要守约，否则就是拿自己的信用开玩笑，那是最蠢的。

3.立信不能一劳永逸

立信是一个持续不断的过程。在人际交往以及日常工作中，只有一次又一次地兑现诺言，才能一点一点地提高自己的信用度。如果有一次无故失信，就会前功尽弃，使多年精心建造起来的大厦毁于一旦，要想修复它则需要花十倍、百倍的努力。

有位青年存了一笔款子准备办婚事用。这时有个朋友向他借款，说三个月归还。因两个人过往甚密，互相信赖，青年便痛快地把存款借给了朋友。可是三个月过去了，朋友因做买卖亏了本，没有把钱还回来。青年的婚事已近，急得抓耳挠腮，无奈只得上门催还，搞得很不愉快。仅此一次失信，便使朋友间的友谊画上了句号。所以，我们要认真对待每一次信约，决不可疏忽大意，因小失大。只有这样，才能始终使自己保持很高的信用度。

尊重是公共交际的重要原则 ◀◀◀

人的形象在公共交际中起着重要的支配作用，而互相尊重是公共交际中的一条重要原则。人人都有自尊心，都希望受到尊重，而且对尊重自己的人有一种天然的亲和力与认同感。

因此，在交际中，不管对方地位如何、才能怎样，只要与之打交道，就应给予尊重，做到礼遇适当、寒暄热情、赞美得体、话题投机，让对方感到他在你心目中是受欢迎的、有地位的，从而得到一种满足，感到和你交往时心情很愉快，这样就为你铺平了一条美好的交际之路。

有这样一则故事，一定能给你很深的启示：一天，一位老人在院子里乘凉，过来一位想租房的客人问："你们这里的邻居如何，是否好处？"老人笑曰："你们那里的邻居如何？"租房者说："很糟，一个比一个难处。"老人笑曰："彼此，彼此。"租房人扭头走了。不一会儿，又来了一位租房者，向老人问同样的问题，老人依然以问作答。来人说："我们那儿的邻居一个比一个好，大家互相帮助，和睦相处，真舍不得离开他们！"老人还是笑答："彼此彼此，我们这里也一样。"

故事如此平淡，但颇有些深意，所有的复杂都是人为的产物。别人对你的一切态度其实都取决于你对别人的态度。

那么，如何才能树立尊重他人的良好形象呢？以下两点我们必须要注意：

第一，要保住他人面子。应注意千万不要伤害别人的自尊心，让人保住面子，这样才能赢得别人的尊敬，树立组织及自身的公共形象。

在一次接待外宾的宴会上，一位外宾吃完最后一道菜点，顺手把精美的景泰蓝食筷悄悄地插入自己的内衣口袋里，服务员小姐不露声色地迈步上前，双手擎着一只装有一双景泰蓝食筷的绸面小匣说："我发现先生在用餐时，对我国的景泰蓝颇有爱不释手之意。非常感谢您对这种精美工艺品的赏识。为表达我们的感激之情，经餐厅主管批准，我代表大酒店将这双图案最为精美的并且经严格消毒处理的景泰蓝食筷送给您，并按照大酒店的优惠价格记在您的账上，您看好吗？"

曲径通幽，那位外宾很快明白了这弦外之音，表示谢意后，说自己多喝了两杯，头发晕，就顺手将食筷插入内衣袋里了，并聪明自给台阶下："既然它不消毒不能使用，我就以旧换新吧！"说着取出口袋里的食筷恭恭敬敬地放回桌上，接过了服务员小姐给他的小匣。服务员小姐此举是很善于运用尊重原则的。

第二，尊重他人，更重要的是让他人感觉到自己很重要，给他人充分表现自己的机会。前苏联刚成立时，受到经济封锁，那时与前苏联做生意的第一个美国人——哈默曾回忆道："与他（列宁）交谈时，会使你感到你是他生活中最重要的人物。"哈默为什么这样说呢？因为列宁给了他表现的机会，让企业家施展才能在苏联开办了工厂，举办艺术展览，这些举措打动了企业家，无形中肯定了其价值，抬高了其身份。

包容是为人处世的较高境界 ◀◀◀

看似漫不经心的闲聊，却往往能看出一个人的性格。在武汉某商贸公司招聘销售经理的面试中，龚勤因对不喜欢的事物语含讥讽，被认为有缺乏包容心之嫌，最终被刷下。

在前几轮中被看好的龚勤和另一名求职者李飞一起，进入最后一轮面试。面试中，考官和龚勤进行了不着边际的闲聊，谈及音乐爱好时，考官问："你们喜欢Twins吗？现在红得发紫呢。"龚勤立即摇头，撇撇嘴："Twins？太俗了吧！不就是唱流行歌曲的两个小丫头吗？我喜欢古典音乐。"

李飞也不是流行音乐爱好者，但面对该问题时，他微笑着回答："是新生代歌手吧。不好意思，我平时听钢琴曲多一些，既然那么受欢迎，那我有时间也试着听一下吧。"面试结束后，龚勤被告知落选。

面试官说，通过闲聊，他发现两名应聘者的知识面都很广，但明显感到龚勤对不喜欢的事物很排斥，李飞则显得很有包容心。而销售面对的是各种各样的顾客，没有一定的包容心，就很难拓展市场。

孔子说的"宽则得众"，其实就是对上述问题的有力说明。包容是为人处世的较高境界，海纳百川，有容乃大。一个篱笆三个桩，一个好汉三个帮。只要有包容心，才能容人、容事，才容易与人合作共事。多一份包容，生活就多一份快乐，工作就能多一份顺达。

瑞典的乔治·罗纳先生就因宽容忍让之心，颇富戏剧性地改变了人生的困境。

乔治·罗纳在维也纳从事律师工作，一直到第二次世界大战爆发才回到瑞典。他身无分文，急需找到一份工作。他会好几种语言，所以想找个进出口公司担任文书工作。但大多数公司都回信说因为战争的缘故暂不需要这种服务，不过就会保留他的资料等。其中有一个人却回信给罗纳说："你对我公司的想象完全是错误的，你实在很愚蠢。我一点都不需要文书，即使我真的需要，也不会雇用你，你连瑞典文字都写不好，你的信错误百出。"

罗纳收到这封信时，气得暴跳如雷——这个瑞典人居然敢说我不懂瑞典文字！他自己呢？他的回信才是错误百出呢！于是，罗纳写了一封足够气死对方的信，可是很快他又停了下来，想了一下，对自己说："等等，我怎么知道他不对呢？我学过瑞典语，但它非我的母语，也许我犯了错自己都不知道。真是这样的话，我应该再加强学习才能做好工作。这个人可能还帮了我一个忙，虽然他本意并非如此。他表达得虽然糟糕，但不能抵消我欠他的人情。我决定写一封信感谢他。"

罗纳把写好的信揉掉，另外写了一封："你不需要文书，还不厌其烦地回信给我，真是太好了。我对贵公司判断错误，实在很抱歉。我写那封信是因为我查询时，别人告诉我你是这一行的领袖。我不知道自己的信犯了文法上的错误，我很抱歉并觉得惭愧。我会进一步努力学好瑞典语，减少错误。我要谢谢你帮助我成长。"

几天后，罗纳又收到回信，对方请他去办公室见面。罗纳如约前往，并出人意料地得到了一份工作。

要成就大事，要养成良好的品德，就必须有宽广的胸怀，宽容待人，对他人的一些非原则性的缺点和过失多一些宽容与忍让。

所以，考虑他人的个性，理解他人的思想，不强求他人与自己高度一致（事实上这是不可能的），多站在他人的角度考虑问题，是包容原则的极好体现。正如美国汽车大王亨利·福特所说："如果成功有什么秘诀的话，那就是站在对方的立场上考虑问题。"

正直的人可笑傲风云 ◀◀◀

在当今的社会里，职业竞争越来越激烈。年复一年，人们不知疲倦地为企业寻找理想的人才，然而，他们把目光都放在什么地方了呢？是关注被选对象的智商、体魄还是实际能力？显然，这些都是理想人才必备的条件。但除此之外，如果一个人想攀登高峰、获取大的成功，还需要一个更重要的因素。有了它，就如有神助，一个人的能力会超水平地发挥。

这是一种什么因素呢？这就是人们时常挂在嘴边的正直。

那么，正直是如何引导人走向成功的呢？

正直的人，实际是一些有信念、懂原则的人。正直是一种标准，或者称作标杆、标尺。以这个标杆衡量人的行为，品格的高下、为人的优劣顿时显现。在此标杆之上，我们可以做一个堂堂正正、受人尊敬的人，也往往能获取长久的成功；在此标杆以下，无论如何也显得卑琐、宵小，纵然能够得计于一时，但总归长久不了。

正直的人视荣誉如生命，珍视每一个获取荣誉的机会。美国作家弗兰克·劳埃德·赖特曾经对美国建筑学院的师生发表演讲：

◎形象点拨

品位是外在的东西，是个体在成长的过程中随着审美观念的建立而逐步形成的个人生活习性，有精神气质的因素在起作用，也有物质层面所倡导的消费主义的力量。

"荣誉感指的是什么呢？很简单，关于砖头的荣誉就是一块实实在在的砖头，关于木材的荣誉就是一块地地道道的木材。荣誉，在某种程度上就是要求人们做一个正直的人。"

正直的人都是有良知的人。一个人只有具备了良知，才有可能列入正直者的行列。良知是正直者的心灵源泉。

在一所大医院的手术室里，一位年轻的护士第一次担任责任护士。"大夫，你只取出了11块纱布，"要缝合时，她对外科大夫说，"我们用的是12块。"

"我已经都取出来了，"医生断言并不容置疑地吩咐道，"我们现在就开始缝合伤口。"

"不行。"护士抗议说，"我们用了12块。"

"由我负责好了！"外科大夫严厉地说，"缝合！"

"你不能这样做！"护士激烈地喊道，"你要为病人想想！"

大夫微微一笑，举起他的手让护士看了看这第12块纱布："你是一名合格的护士。"他说道。他在考验护士是否正直——而她具备了这一点。

对很多人而言，正直是一件艰难的事，一种很难的活法。因此，正直的人站在我们面前，显得那样有力，那样让我们产生情不自禁的仰慕感。

其实，从根本上说，正直具有其无与伦比的价值。正直给正直者也带来了很多利益。马丁·路德被判处了死刑，临刑前，他大义凛然地对着一群敌人说："一个违背良知的人，永远不会活得安稳，也谈不上活得明智。我坚持自己的立场，上帝对我的成全亦是对我最大的恩赐。"马丁·路德生前身后的荣誉，为我们许多人所熟知。

正直者心地坦然，使他轻而易举就可以化解生活中的波折和事业上的挫折。林肯在1858年参加参议院竞选活动时，他的朋友警告他不要发表某一次演讲。林肯答道："如果命里我会因为这次演讲而落选的话，那么就让我伴随着真理落选吧。"他是坦然的，他确实落选了，但是两年之后，他就任了美国总统。

正直还可以带来友谊、信任和尊重，还会让人成为公众崇拜的偶像。美国曾经数度评选历史上最伟大的总统，那些名列前茅的，往往并不是以才能取胜，而是以品格，尤其是其中的正直取胜。正因为如此，亚伯拉罕·林肯、华盛顿总是榜上有名。而我国最近几年推选的感动中国的人物，有许多也正是因为他们的良知和正直才入选的。人类之所以充满希望，很大一部分原因是因为人类热爱正直，崇尚正直。

有人说："正直的人，敢说真话的人总是要吃亏的，而说假话，会讨好别人的人总是能占便宜。"这种说法其实是不对的，正直的人，往往先苦后甜，被后人传诵；而讨好别人的人，往往先甜后苦，遭后人嘲讽。

从古至今，宋朝的包拯是历史上有名的正直人。他刚正不阿、公正无私的高尚品德至今为人们颂扬，他从不讲私情，处斩侄儿包勉，不畏权势地斩驸马陈世美。包拯不像有的人阿谀奉承，他的事迹成为人们的千古美谈。

学会正直，做一个正直的人，它可以让你笑傲风云，也一定会使你成为一个职场成功者。

有人情味的人到处受欢迎 ◀◀◀

人际交往时，人们总是带有很强的情感色彩，注重建立情感联系。

1988年菲律宾总统阿基诺夫人访华，阿基诺夫人是在推翻马科斯统治之后当上总统的。马科斯尽管不得人心，但在中菲关系史上却是一位功臣，那时美国不承认中国，他在美国的支持下当上总统，顶住美国的压力，与中国建立了外交关系。阿基诺夫人碰到的第一个问题就是如何在中国树立自己的新形象。为此，她访问中国的第一站是福建，因为她有华人的血缘，陪伴她的是她的两个女儿，这种"寻根"色彩对于充满人情味的中国人来说是乐于接受的，阿基诺夫人很快便赢得了中国人民的信任和支持，她的政府在中国人心目中树立起了良好的形象。

但在现实中，人与人之间，由于竞争的扩展反而使人对人更加的封闭，更加的冷漠，对别人疾苦的关心消失殆尽，人情味在这个世界上也变成了一种隐藏在自己内心的幸灾乐祸的伪饰。在表达自己的同时，对别人的诋毁甚至诽谤已经肆无忌惮、淋漓尽致。

看过一个故事，关于幽默大师罗吉士的。

1898年，他经营了一个牧场，他的一头牛因为跑进附近的农舍，吃了人家的玉米被杀了。农夫也没有按照当地规定先通知罗吉士。罗吉士很生气，于是去和农夫理论。

半路上遇到了寒流，他和佣人快冻僵时，到了农夫家，农夫不在，农夫的妻子热情地招待他们，请他们到屋里烤火。

这时，罗吉士发现，这个女人消瘦、疲惫，更让他吃惊的是五个躲在门后偷看的骨瘦如柴的孩子。

女人说若不是牛还没宰好，还可以请他吃牛肉，可眼下只有些豆子。而农夫的孩子听说有牛肉吃时，眼睛都亮得不得了。

罗吉士没提牛的事。

傍晚风没停，更厉害了。盛情难却，两人留在了农夫家里。

两人被农夫留下过夜。第二天，两人喝了咖啡，吃了豆子，上路了。

佣人问起时，罗吉士说："世上牛何止千万，人情味却是稀罕。"

而且，他还说过一句很有名的话：我从来没有发现一个我不喜欢的人。

这是一个很普通也很简单的故事。现在把它放在这里，说明了一个道理，就是，人情味是在互相体味中给予的。一颗明亮的心能把这个世界全照亮，并不是因为这一颗心是太阳、月亮，而是因为，一颗心在鼓足勇气去照这个世界的时候，有很多人，很多心，因为它的明亮而明亮，因为明亮而照亮别人。这样的光亮是相互之间的一种支持、一种鼓励、一种安慰，少了这些肯去感受明亮、散播明亮的心，再伟大再光明的一颗心也不能把这个世界全点亮。

常怀感恩之心 ◀◀◀

有个朋友，整天乐呵呵的，作为自然人，他的人缘关系极好，总是在你最需要帮助的时候对你伸出援助之手，他解读处理朋友间关系的秘诀是"肯吃亏"。经常提醒自己少得一点，少分一点，少要一点，多让一点。作为岗位人，他对自己能当一个小官总是诚惶诚恐，不管组织怎么拨弄他，他绝无半点怨言，以至有人怀疑他是不是还有自己的思想，但大家不得不承认，他的精神状态异常地好，他的生命的躯体异常地健康，在经历了太长时间的不理解之后，人们开始羡慕他。有人问他何以能做到现在的这一切，他告诉人们说，其实任何人都能做到，关键是要对生活"常怀感恩之心"。

　　"对生活常怀感恩之心"——这话说得多好啊！一个怀有感恩之心的人，生活才会赋予他最大的回报。如果你心存感激之情，那么你感受到的不仅仅是心灵的宁静。

　　漂亮简单的女人仿佛一个爽口的冰激凌，痛快但缺少余韵，有味道的女人则宛若一杯浓郁的香茶，越品则越有滋味。职场中有这样一种女性，她们自立自信，优雅中带有坚忍；她们精明豁达，干练又不失风情万种；她们宽容豁达，但不失原则；她们精明利落，但决不咄咄逼人；她们富有母性，但绝对张弛有度。宽容与感恩、自信与淡泊让她们如此美丽。

　　小宋是名牌大学毕业的，人很文静。她在一家事业单位工作，单位里要写很多材料，她毕竟刚来，公文写作还不很熟，于是每次写好后，她都要给同事老王看，待老王修改完，她再拿去请科长审阅。很快，小宋的材料越写越好，老王已经没有什么可以修改的了，可科长仍旧东涂西抹，不留情面。小宋虽有些不悦，但没说什么，依然是很谦和地请科长批改。

　　老王愤愤不平，他认为科长的水平修改不了小宋的文章了，他给小宋讲过这样的故事：赫鲁晓夫参观抽象画展，看不懂，就破口大骂，负责展览的艺术家回敬道，您对艺术根本不懂。赫鲁晓夫说出了他的那句名言——当我是一名矿工时，我不懂，当我是党的低级官员时，我不懂，但是，今天我是部长会议主席、党的领袖，因此，我现在当然懂。老王揶揄道，他现在是科长，他当然能够修改科员的文章。小宋只是笑，显得不介意。有时被老王逼紧了，她也只是说，不就是改个材料吗，又不是修改你的人生。

　　由于小宋的谦虚勤奋或许还有才能，后来科长把小宋推荐给上级宣传部门，小宋上调了。

有一次，上级要求科里写一个大材料，材料组织好后，科长让人先送到宣传部门说是请上级把关，两天后，小宋把材料修改好了。这个材料得到了上级的好评。科长很满意，说小宋还真行，我没有看错人。老王也对小宋信服，说，别看她年轻。小宋拿出钱来请同事吃饭，有同事私下里对小宋说，你应该让科长请你吃饭才对，那文章是你写得好。小宋说，那怎么行，我会写材料是你们教的，我得感谢才对。同事又说，这回科长再也不敢改你的文章了吧。小宋说，知道我老爸在我参加工作时送我两个什么字吗，就是"感恩"。老王当时没有细想，因为喝多了，回来后，想想那两个字，渐渐感到惭愧。学会了感恩，你就有可能翻过来修改领导的文章，学不会感恩，你就永远被领导修改。

一个心中不知感恩的人，是永不会满足的人，也是一个不懂得珍惜现在所拥有的人。怨天尤人是他们的习惯，嫉妒是他们内心的火焰，在这样的人心中，别人的成果与成功都是靠运气得来的。他们整天被怨恨的情绪所啃噬，搞得自己痛苦不堪。

一个心怀感恩的人心中充满了美好，他会感激一切给过他帮助和支持的人和事。

懂得感恩是一个人优良品质的重要体现。一个人如果连最起码的感恩都不知道，又怎么能够珍惜工作、热爱生活呢？

真正的感恩应该是真诚的、发自内心的感激，而不是为了某种目的，迎合他人而表现出的虚情假意。与溜须拍马不同，感恩是自然的情感流露，是不求回报的。一些人从内心深处感激自己的上司，但是由于惧怕流言蜚语，而将感激之情隐藏在心中，甚至刻意疏离上司，以表示自己的清白。这种想法是何等的幼稚！

俗话说，人抬人高，水抬船高，无论我们怎么有能耐，我们个人总是渺小的，我们个人有太多的无奈。今天我们或多或少有了

◎形象点拨

有诚信则走遍天下，无诚信则寸步难行。如今是信用抵万金的社会，没有信用，你将一事无成，信用的好坏已完全影响到一个人的工作、学习和生活的方方面面。如果说时间就是金钱，那诚信就是生命。

45

一点进步，有一个好的成绩，一方面缘于我们的个人努力，另一方面也缘于身边领导与同事的关爱与提携。当社会上有些人还在为下岗、为生计发愁的时候，我们自己却有一份好的工作，有一份稳定的工资，我们能不知足吗？滴水之恩当涌泉相报，当我们能正确地审视自己，我们就会发现，我们之所以能有今天，不是我们个人有多少"舍我其谁"的本事，实实在在地说，是因为有许多贵人在帮助我们，或者曾经帮助过我们，没有他们就没有我们的今天。

感恩并不仅仅有利于公司和老板，对于个人来说，感恩不花一分钱，却是一项重大的投资，对于未来极有帮助。它能够增强个人的魅力，开启神奇的力量之门，发掘出无穷的智能。感恩也像其他受人欢迎的特质一样，是一种习惯和态度，是你的一笔珍贵财富。时时拥有感恩的心，它将使你的心灵得到净化，使你更加谦虚，更加受人尊敬和爱戴。

热情是最具感染力的 ◀◀◀

热情是世界上最有价值的一种感情，也是最具感染力的。自己充满了热情，你谈话的对象才容易变得充满激情，即使你表达得不太顺利，他也可以理解。假如你是一名推销员，如果没有热情，你所说的话简直就像过了一年的晚餐上的死火鸡，毫无生气和新鲜感。

给予别人热情，其实就是给予别人支持和鼓励，能大大增强对方的自我肯定。如果你能给予别人最大的热情，将心比心，别人会备感受到尊重，绝不会麻木不仁。

在某海运公司，有一群粗犷的船员，人高马大，脾气暴躁，公司对他们很伤脑筋。但奇怪的是，这些人都服从劳资处一位副处长的管理。原来，每次船归来之时，这位副处长都立即放下手头的工作去码头，和船员们又是拥抱，又是握手，并把家在外地的船员的家信捎去。他的盛情周到，感动了这些长年颠簸在海上的游子，感到自己受到了尊重，这位干部的形象在他们心中也就自然高大起来。

热情还是冷漠，或许能够在关键的时刻成为我们的砝码。丽娜和吉利是某公司的两个女职员。她们同一年进入公司，都有着硕士文凭，像大多数工作人员一样，她们有着认真敬业的精神，即使参加公司的同样项目，在业务上的表现也是不相上下。可是，在公司业务高涨的1999年，丽娜被提拔做了项目经理，而吉利则一直在普通职员的位置上。到了2002年，公司大批裁员的时候，吉利作为最后一批被裁人员，离开了工作了五年的公司。

什么使她们两人的前途发生了如此不同的结局呢？负责解雇吉利的英国老板认为："吉利冷漠而又不合群的个性，会使我们感到少了她我们并没有缺少什么。而丽娜的乐观热情却能够感染我们所有的人，她坚强、果断又聪明，她的热情活力能让人人都喜欢她，她是个天生的社交家和成功者。"

一个人是否热情，决定了我们是否喜欢他、亲近他、接受他，热情的品质影响着一个人生活的每一个方面。"热情"成为一个优秀形象所具备的基本品质，一个人表现的是热情还是冷漠，决定了他在生活和工作中被人喜爱还是排斥。一个人最让人无法抗拒的魅力就在于他的热情，我们仔细地回想一下我们身边热情的人，就不难理解热情在社交和工作中有着强烈的感染和吸引人的力量。

忠诚是创立个人品牌的保障 ◀◀◀

品牌的"市场"份额是由它的信誉度所决定的，一个人的信誉度又是由他的人品所决定的，而在人品方面，一个人的忠诚度是最主要的。明基电通董事长李焜耀说过：打造个人品牌价值的第一步，要从培养工作忠诚度开始。

当今社会的就业环境发生了巨大变化，一个人不可能再像关羽、杰克·韦尔奇那样，终生只为一个老板、一家公司服务，但这并不等于忠诚就已经无关紧要。恰恰相反，在就业环境越来越开放、信息越来越发达的情况下，很多公司和老板更加看重人的忠诚的操守。

许多职业人士之所以成为现代吕布，无外乎是因为忠诚的硬伤。比如曾在创维、高露华担任过要职的某职业经理人，在创维的时候，业绩非常突出，却与老板对着干，让老板慢慢觉得失去控制，最后被明升暗降，直至被迫出局。到高露华后，为了免于被老板突然踢出局，大量安插自己的亲信，通过亲信来控制企业，甚至发展到抵制集团审计，竟叫保安把老板挡在门外！如此咄咄怪事，真是匪夷所思。像这样的职业人士，哪怕他是"人中吕布，马中赤兔"，也会使老板们不寒而栗，恨不得除之而后快。

因此，要创立个人品牌，就必须对公司和老板抱一颗忠诚之心。我们没有必要遵循关羽式的封建愚忠，但也要做到"食君之禄，忠君之事"。关羽虽然不肯归降曹操，但身居曹营时主动请战杀颜良、诛文丑，也尽了一个人的责任。如果见利忘义、卖主求荣，或者一离开原来的公司和老板就将他们贬得一文不值，这样的人，即使是个人才，又有哪个公司、哪个老板敢用？

李焜耀作为明基电通董事长，25年没换过公司，25年来，他一直待在宏碁集团，跳槽经验值是零。"25年都待在同一家公司？"没错，"如果没被炒鱿鱼，我还想从一而终！"李焜耀打趣地说！李焜耀回忆起25年来的心路历程，感慨万千地说：如果不了解自己品牌价值坐标在哪，就算跳槽到再大的公司，或是自己出去创业，都不会成功。

缺乏忠诚度，频繁地跳槽直接受到损害的是企业，但从更深层次的角度讲，对自己的伤害更深。我们会经常发现，很多人工作一不如意就跳槽，人际关系不行也跳槽，看到可以多赚几个钱的工作还跳槽，甚至没有任何原因也跳槽。然而，这种以跳槽为工作的人，他们往往失去自我，失去积极努力的工作精神，碰到困难就退缩，遇到麻烦绕开走。对于这样的员工，老板还会提拔他们以期望为公司创造效益吗？答案当然是否定的。

当然，我们也不能指责那些频频跳槽或整天把跳槽挂在嘴边的人，只是希望他们能够审时度势，多一点踏实，少一点浮躁，不要身在曹营心在汉，更不要为了跳槽而跳槽，在可跳可不跳的时候，最好不要跳。谁都知道，熊掌和鱼两者不可兼得，在分不清哪是熊掌哪是鱼的情况下，最好牢牢抓住一样。

没有哪一家公司不看重员工的"忠诚度"，中国传统文化中，往往是疑人不用、用人不疑，对于"贰臣"历来是心存芥蒂，担心你到他们公司后"后院失火"，即使聘用你，也会对你有疑心，你就很难有出头的机会。相对于这些"潜规则"，一些硬性制度的用意可谓"昭然若揭"，比如很多公司规定，为了防止员工流动过于频繁，有很多的收入和福利，要等工作达到一定年限后才能让员工拿到。如果你要提前离开公司，很多此类预期收入也就泡了汤……

所以，一旦你决定了要从事某种职业，或者你正在从事某种职业，就要立即打起精神，不断地勉励自己、训练自己、控制自己，对公司、对老板、对职业多一分忠诚，少一点背叛。

即使你可以由于优雅的风度、仁慈的行为、丰富的知识，或者其他美德赢得他人的尊敬，但是，一旦你有"欺骗"被拆穿，所有的优点就会烟消云散。只有真诚地袒露自己的心灵，才能真正做到诚实无欺，赢得别人的尊重和信赖。

一个人生活在这个社会上，即使是一个自由职业者，他也会和各种团队、组织和人员发生往来，在这个过程中，忠诚是最基本的能力，如果你缺乏忠诚，组织不会聘用你，团队不会让你加盟，搭档不愿与你共事，朋友不愿与你往来，亲人不愿给你信任，你最终将被这个社会抛弃。

第3章
形象需要定位和设计

所谓形象定位，就是找出并确定形象主体在相关公众心目中区别于其他形象主体的形象特色或个性。而形象的设计追求独特而不出位，保持一个良好的形象是为了别人，更重要的是为了自己，使自己处于最佳状态。每个人都存在着两个选择："我要成为的"和"公众期待的"，前者往往决定了特色，而后者往往决定了流行度。一个有效的形象设计策略应该同时结合这两者，使用公众容易接受的方式表达出中心人物的独特理念。

独立形象才会有吸引力 ◀◀◀

所谓形象定位，就是找出并确定形象主体在相关公众心目中区别于其他形象主体的形象特色或个性。只有"万绿丛中一点红"的形象才是成功、丰满、有魅力的形象，假如"千人一面"，绝无独立形象可言，也不会有吸引力。

现代社会是一个个性张扬的社会。适度张扬的个性形象在某种意义上已成为个体获得更多更好发展机遇的"法宝"。"是金子总会闪光"，这在现代社会已经有些过时。快节奏的社会生活，日新月异的变化，社会空间的日益扩大和丰富，人们交往的对象也空前多样而复杂，而社会的注意力资源是有限的，人们的目光往往会锁定在那些独具个性特色的形象身上。自诩肚里有货而不注重个性形象塑造的人，因为太张扬了，往往会沉寂在人们的视线之外。个性形象对个体的意义是全面性的，从交友、恋爱到婚姻、职业等方面，善于塑造个性形象的人无疑将占得先机。

个体形象定位是在对自己的实际情况包括个性、性格、价值观、兴趣、性别、职业、年龄等因素的综合分析的基础上，以确定自己形象塑造的方向、目标，从而塑造出独具个性魅力的形象。在这样的一个时代，准确的形象定位，对于扩大我们每个人的发展机会和空间具有决定性的意义。

形象定位，首先得决定在形象的多面体中究竟突出哪一面，或者说，如何挑选出那"最具生气"的局部形象。

突出自身特色就是要突出"是什么"，不过没有真空中的特色，特色总是相比较而存在，正如中山装相对西服才显出特色。

还可以突出差异，也就是突出"不是什么"，突出自己相对于竞争对手的不可替代性。从突出差异中来反衬自身特色。有时候，它甚至成为主导。如果不突出差异，你与对手相同，意味着两者可以相互替代，这时竞争最为激烈，纯粹是双方面对面的厮杀，一有疏忽，你就会让对手替代了。而你与对手不同，你就占据了强有力的侧面竞争位置，你再有失误，由于你的不可替代，对手也就不容易把你排挤出竞技场。

但有差异并不一定是不可替代的，如果你那特色、差异与公众的欲求无关，只算你在某些方面的专长、特征，如庄子讲过的那个学"屠龙术"的人，现实中没有龙，公众也不需要他来杀龙，故公众对他的绝技掉头不顾。首先必须是你的特色、差异符合了公众的欲求，你的供给与公众的需求有了互补性，公众才欣赏你的特色，才确实认为你不可替代。因而，在多面体中突出一面，不管是侧重突出"是什么"还是"不是什么"，都必须考虑到"公众能接受、愿接受什么"。

艾森豪威尔1952年竞选美国总统，其竞选班子就考虑究竟突出其形象的哪一面。是可以整顿政府混乱的艾克吗？是清除共产党的艾克吗？是能带来财政安定的艾克，还是把他定位成可以结束朝鲜战争的人？民意调查表明，不是财政混乱或共产党问题，公众最关切的问题是朝鲜问题。竞选班子于是制订了一个口号："艾森豪威尔，和平者！"

竞选的高潮是在大选前两星期，艾氏宣布，如果他当选，他将立即抛弃国内政治分歧，集中精力结束朝鲜战争，他要亲自去朝鲜一趟。就是这个声明保证了他选举的胜利。

还有我们都很熟悉的香港金牌主持人——肥肥，可以说她拥有许多女性都无法接受的身材，但她并没有因此而悲观绝望，不会自叹自怜，而是乐观豁达地面对现实，把自己活泼可爱的一面淋漓尽致地展现出来。一直以来，她的发型是洋娃娃式的小卷发、服装风格是公主裙、背心裙并饰有蝴蝶结、小花朵等颜色明快的少女式风格，甚至眼镜是蝴蝶型的都几乎没有改变过，正是因为她懂得挖掘自己的个人魅力和风格，并将它保持，直至成为她自己的标志。而事实证明，她的努力成功了，她活泼可爱的形象定位被广大电视观众接受并越来越喜欢了。

以上例子都说明一个道理，我们每个人都有属于自己的独一无二的优点和气质，问题是你能不能充分将它挖掘并展现出来。

综上所述，在多面体中突出一面，尽管有些时候可侧重强调某一极，但必须全面综合平衡，才能挑选出那"最具生气"的一面。衡量它的标准是：这一面既能体现自身特色，又与目标公众有互补性。

将你的"最美"强化和放大 ◀◀◀

选定了最具生气的一面，还得将你的"最美"进行强化和放大。首先，把这一面包装起来。商家都熟悉商品包装的作用：包装显示商品形象，促进销售。因而，商品包装是呼唤潜在顾客的符号。

闹钟的响声表示时间，它催我们起床。把一面包装起来，正如把无声的时间用有声的闹铃来表示，是用引人注目的符号来引导公众对形象主体留下印象，做出反应。因而，从形象定位看包装，包装符号要同时起到两个作用：传递自身位置的信息与唤起目标公众的反应。

比如著名艺人吴倩莲、林忆莲，在大眼美女如云的演艺圈中，以小眼著称的她们居然被誉为"最有魅力的女演员、女歌手"。她们不仅没有像很多女孩子那样，通过整容改变自己的眼睛，反而每次在妆面中更加突出自己的眼部，也正因为如此，让我们充分领略到了只有小眼睛才独有的含蓄和朦胧感。

可以说，一切包装都有几分"借光"的成分。经济学对"借光"的界定是：享受一份公共利益而没有付出相应的代价。在包装中，享受的公共利益是人类运用的一切符号，这些符号都有约定俗成的意义，已具备特定的"含金量"（价值）。唯一要付出的代价只是找到某个符号，略加剪裁，做一件合体的外衣。包装是低投入、高产出的行当，其间的差距正由从符号的"含金量"借光而来。丘吉尔就是个借光大师，且看他如何借光包装伦敦——

在"二战"初，法国沦陷，英国孤立无援抗击纳粹的那些最黑暗日子里，丘吉尔高举火炬："我们决不投降！"他必须振奋伦敦军民的斗志。他是深深懂得"存在就是被感知"的，他要把"决不投降"那一面包装得可感可触，为此到处借光。第一支光借自文化传统。伦敦到处贴着莎士比亚的警句："我们英国从来不曾跪倒在征服者的脚下，将来也不会。""这块天佑的土壤，这陆地，这国家，这个英吉利！"约克大主教在广播里布道："我们祖先所享受的安乐，对我们并无丝毫价值；只有他们的艰苦，他们的刚毅，才是民族之宝。"第二支光借自大英联邦。故意给数千英联邦成员国士兵，加拿大、新西兰、澳大利亚士兵以假期，使他们在伦敦到处乱跑。看到这么多兵，伦敦人就想起了丘吉尔的话："英吉利是一个武装的岛屿，有大英帝国保卫之。"

第三支光借得最离奇，借自孤身一人来到伦敦代表法国继续战斗的戴高乐。为后者提供各种方便，包括经常使用英国广播公司的电台。当戴高乐在电台中宣告："法国并没有完，使我们失败的那些因素总有一天会使我们转败为胜。……法国之战并未决定战争的结局，这是一场世界大战！……"再没有什么比这个不甘失败、赴英参战的孤独者更能鼓舞英国人民士气的了。同样谙熟包装艺术的戴高乐评论道：丘吉尔"这位非凡的艺术家，肯定可以感受到我的使命的动人性质"。

非凡的丘吉尔充分利用了符号的"含金量"，借了他所能借到的一切光来包装伦敦，终于激发出举世闻名的"伦敦精神"，誓死抵抗的空气弥漫全城，600万伦敦人沉着而坚定地度过了他们"最光辉的时刻"！

"卖个鲜"，亮出你自己 ◀◀◀

如果要建立个人品牌，你就必须有异于别人的新鲜思想，在同是大家熟知的领域，即使这个领域不会因你的思想发生翻天覆地的变化，但你至少从一个方面说明了一个问题——你的思维角度能够让人大吃一惊！

我们可以历数品牌观点，诸如"品牌娱乐论""品牌营销论""品牌体验论""品牌N分法"，毋庸置疑，这些观点都有可取之处，而且都是利用某个法则适用于某个领域。实际上，在不同的行业、不同的专业，都可以利用自身个性抽象和概括某个方面的理论，这就是学问！要塑造个人品牌，不能不在自己的专业方面给大家亮一手。在工业社会严重同质化的年代，我们必须做到"卖个鲜"，亮出自己！

做得比较成功的案例当属中国微软的前总裁唐骏。

唐骏本来是做技术出身的，在微软上海技术中心当"头儿"的时候默默无闻，任劳任怨，一心向上升迁。

但当他终于爬到了中国微软的总裁这个位置之后，问题就出现了。他已经碰到了玻璃天花板了，下一步再往哪里升？当微软全球的CEO显然是不现实的。那么下一步就只能跳槽了。如果要跳槽跳得高高的，那么就需要有名气，于是唐骏就开始利用中国微软总裁的这个平台来建立自己的个人品牌了。从这个分析很容易看出，唐骏个人品牌的"套现方式"就是要跳槽、升更高的职位、找更好的机会。

套现的方式明确了，建立什么样的品牌形象也就很容易确定了。唐骏确立了建立的个人品牌形象就是一个"高水平的、既懂中国又懂世界的职业经理人的形象"。

下一步，唐骏开始勇敢亮出自己了——写文章和上电视，利用这两个传统媒体扩大自己的知名度。但他毕竟不是搞管理出身的，经验不足，水平还有待提高。所以他在电视上和他的文章中做"秀"的时候暴露了许多"硬伤"，这无形中给他的品牌形象造成了一定的负面影响。但这并不要紧，关键是他运气很好，马上找到了套现的地方。那就是他正好赶上"盛大"要上市，于是他把个人品牌拿到了"盛大"，马上就成功套现了。他几乎没有浪费一点他的品牌资源。而且这次套现对他的个人品牌还有提升的作用。所以，可以讲这是一个成功的个人品牌经营的例子。

"卖个鲜"，亮出你自己！其实就是指个人品牌的创建一定要有自己的独特性。所谓特色就是很容易能够让人记住。这不能简单地理解为衣着上的与众不同，它更多地强调人的个性。独特的个性风格自然更容易吸引别人的注意力，当然也容易进入猎头公司的视野，现代新兴的一些企业，尤其需要一个总是想着标新立异的人来做领导，由他来创造企业的品牌效应。

要真正理解这种独特性就要明白，仅仅做到与众不同还是远远不够的。塑造个人品牌不同于美化形象，不是要将你自己推销给别人。塑造个人品牌过程就是理解他人的需要、愿意满足他人的需要，并且在自己的价值体系内能够满足他人的需要。个人品牌越能满足他人的需求，就越具有亲和力、越能获得更好的发展。

个人品牌不是与生俱来的，它的形成是一个慢慢培养和积累的过程。任何产品或企业的品牌都不是自封的，而要经过各方检验、认可之后才能形成。个人品牌也一样，它需要后天的培养与历练，需要被大家所公认。

不要"脱离群众" ◀◀◀

在任何岗位、干任何职业，都要树立良好的口碑。不论成功与失败，都不能给人留下一种坏印象。要留下一种好名声，时刻注意自己在行业的影响，注重表现自己的做事能力与为人处世能力。

能引起他人注意的不只是你的独特性。你个人品牌所体现的东西更需要与他人的需要关联。也就是你的个人品牌要具有现实意义，能给他人带来效益与好处。也就是说个人品牌塑造千万不要"脱离群众"，离开了群众的土壤，就会失去个人品牌存在的价值。

在"斯坦科维奇杯"上人们终于等来了姚明的出现，赛后大部分记者连新闻发布会都不去，全部等在中国队更衣室外面，希望能够得到姚明的只言片语。然而，大家只能隔着保卫人员目送他离开赛场。

看到众多记者围在中国队更衣室门前时，"姚之队"派了一个手下去叫了五六个保安，在更衣室门前手拉手排了堵"人墙"。姚明从更衣室里出来时，和记者之间离了有三四米远，中间还有保安"人墙"。从姚明在门口停顿和犹豫，似乎他愿意和记者说说，但他也只能选择离开。也许这不是姚明的错，是经纪人将他和媒体、球迷隔绝开来。但离开了媒体和球迷，姚明还有多少价值？

记得2002年感恩节那天，乔丹结束训练准备回家过个节。面对只有四名记者的采访要求，乔丹选择的是"屈服"。那天，乔丹首次正式说他打完那个赛季就退役，在场的四名记者全发了当天最重要的消息。乔丹和姚明谁更大牌，似乎没有讨论的必要。

希望姚明不要再远离我们，这是对球迷好，也是为他好。

这就体现了个人品牌与现实的相关性。

相关性也是周围环境的一种功能。就像父母自然与他们的小孩具有相关性，因为他们向小孩提供关爱和保护。配偶之间的相关性远胜过一纸婚约，因为真正的相关性产生于他们相互关心、相互给予幸福的过程中。同样，一位良师益友能为你的事业和前途提供帮助支持，这使得你们的关系更有意义、更加牢固，远胜过普通的同事关系。

从研究角度讲，相关性又是一个过程。先从问题开始：他们想要什么？他们需要什么？他们看重什么？他们期望什么？了解到他人的需求和参照系，你就可以用相关性来指导自己的行为了。

◎形象点拨

正直的人，实际是一些有信念、懂原则的人。正直是一种标准，或者称作标杆、标尺。在此标杆之上，我们可以做一个堂堂正正、受人尊敬的人，也往往能获取长久的成功；在此标杆以下，无论如何也显得卑琐、屑小，纵然能够得逞于一时，但终归长久不了。

一致性是提升个人品牌的关键 ◀◀◀

建立个人品牌的一个要素就是一致性。作为一个品牌，始终如一的做法能为你赢得"信誉"。记住：始终如一的行为比任何花言巧语更能清楚明白地诠释你的品牌。

做一项工作，你必须明白从事这项工作的原因，认识到自己工作的价值及想要达到的目标，只有这样才能锲而不舍，保持工作的长期性和延续性，也才能在工作中锻炼自己的能力，从而缩短自己建立个人品牌的时间。

人们尊重或者不尊重那些突出的公众人物，这是见仁见智的问题。每个人都用自己的语言来定义独特性。每个公众人物与你的需要和价值观之间的相关性也是不一样的。但是，无论你是否喜欢他们，是否需要他们，你感觉自己知道这些人会做些什么，因为多年来他们的行为始终如一。

如果在交往中你的行为一直未辜负他人，别人就会对你产生信任。即使不是亲身体验，人们也会从其他人那里了解你的情况，这样也可能会信任你。你从前的行为（不是你的意愿动机）使他们相信，你还会以类似的方式行事。每次你按照他们预料的方式做事时，他们关于你的品牌的印象又会加深。这样，信任体系逐渐建立起来。反之，减少并最终破坏某人对你的信任的最快方法，就是前后不一致。无论高峰期表现得多好，过山车式的行为一定对任何关系的长远发展都有损。

要玩活"个人品牌" ◀◀◀

你的个人品牌形象就是你在别人心目中的感觉。经过与他人多次接触，你的形象逐步发展和清晰，个人品牌就此形成。如果你建立了强势个人品牌，你的职业生涯乃至个人生活都会更成功、更辉煌。

在西方待久的人，都知道个人品牌的作用。

在西方并不限于体育明星和电影明星。在文化界、在科研界、在商界，都很普遍。

"哈利·波特"的作者当初穷得要吃救济，现在比英国女王还要富，靠稿费赚了近十亿美元。有一个从公司总裁职位退下来的人写书，写了16本书，每一本都畅销。而且，这样的人，在西方虽然也是凤毛麟角，但绝不是绝无仅有。

这些都说明西方读者认同个人品牌，而且个人品牌有很大的经济效益。

中国人也认识到建立个人品牌的好处和必要。李宁从体操队退役之后，搞出了一个李宁牌，姜昆成立了一个昆朋网。

如何玩活"个人品牌"这张牌？往往有人错误地认为打响知名度是唯一重要的内容，其他并不重要。所以有人为了提高知名度采取"杀鸡取卵"的办法，损害了品牌的形象和生命力。

比如，成都有一个女的想出名想疯了，于是就弄出了一个和张铁林有"性交易"的丑闻，这样做她肯定能出名，但这个"名"的生命力却没有，用不了几天就死了。张铁林还是张铁林，这个女的却成了垃圾。这是个人品牌建立失败的经典案例。

还有一个典型的失败的例子就是，靠中国微软经营个人品牌的吴士宏。吴士宏有成功的地方，那就是她成功地把知名度打响了。但最后她还是失败了。她失败有三个原因：

第一，自身水平太差，这是根本原因。这在她跳槽到TCL之后更加暴露无遗。毕竟几十年的教育和积累不是靠上几天夜大就能补上的。

第二，她的个人品牌形象过于咄咄逼人，显得不厚道而又小家子气。

第三，她选错了品牌的套现方式，比如她从中国微软出来，她选择靠出书把她的名气变现，但她的书卖得并不好（书本身水平不高，再加上市场运作不好）。她出书揭露微软的内幕彻底打碎了她作为高级职业经理人的形象。如果说一个人的自身水平低，那么以后还可以提高。如果说品牌形象不好，那么以后还可以重新包装。但她犯的第三个错误是不可饶恕的，因为她把她个人品牌的套现能力彻底毁了，这个品牌也就没有任何价值了。

吴士宏犯的错误就是一心想出名，而忘记了为什么要出名。"杀鸡取卵"毁了品牌的形象和套现能力。

当然，现实中我们可以找到许多成功的案例，下面，就列举几例，供大家学习揣摩。

荣获两届"全国劳模"称号的余孝德，是建筑行业中的一位传奇人物。1998年，他所在的公司成立了以他名字命名的余孝德公司。许多业主在签订合同时，都把使用"余孝德的施工队"作为签订合同的先决条件。据中建一局三公司负责人介绍，余孝德现在成了他们公司的一块牌子，"余孝德"三个字为公司带来了可观的经济效益。

全国劳动模范徐虎当年是上海某房管所的一名水电维修工。他的事迹通过媒体报道后就出了名。在上海投资开发房地产的湖南三湘公司指名要徐虎去管理小区。而徐虎所在的西部集团也顺水推舟，干脆成立了徐虎物业公司。由于打出了徐虎这张牌，居民对他所在的公司十分信任。据三湘公司总经理说，徐虎公司管得不错，居民都十分满意。有徐虎这个品牌，房子卖得也快。据了解，徐虎公司成立后，已先后承接了面积达25万平方米的物业管理。

从以上事例中我们可以看到，个人品牌的无形资产已经给它的拥有者创造出了丰厚的经济效益。

创业本无定式，正所谓"八仙过海，各显神通"。欲搏击商海的有识之士，不妨学学利用"个人品牌"的优势，玩活"个人品牌"这张牌，为自己开拓出一片天地来。

要对自己的面孔负责 ◀◀◀

一个人的形象的外观就是仪容，"美的东西，永远令人心旷神怡"。而你的仪容，应是令人心旷神怡的东西，是你礼仪之美的外在基点，否则，那就是你的错误。因为"明星是塑造出来的"，一个人的仪容并非出于天赋，它主要得益于自我训练。

有人向林肯总统推荐一个人为内阁成员，林肯没有用他。林肯的理由是："我不喜欢他那副长相。""哦，可是，这不太苛刻了吗？他不能对自己天生的面孔负责呀！"林肯说："不，一个人过了40岁，就应该对自己的面孔负责！"其实，不仅40岁以上的人应该对自己的面孔负责，每个人都需要对自己的仪容负责并承担由此造成的事业的后果——成功或者失败。

仪容主要是指一个人的容貌。它包括头发、脸庞、耳朵、眼睛、鼻子、嘴巴等。仪容的整洁与否反映了一个人的精神面貌。往往是这些无声的语言，最直接、最无保留地向别人传达着你的心情和状态。所谓第一印象，也往往是凭借观察对方的仪容和着装而留下的。

仪容美并非全指天生丽质，凡是符合礼仪要求的仪容就是美的仪容。它包括三个要素：

一是仪容的自然美，即先天容貌潜质。拥有漂亮的外貌，无疑会令人赏心悦目，感觉愉快。但是，即使没有姣好的外貌，我们也不要气馁，相信通过自我训练，也能获得令人喜爱的美的外表。

有人统计，90%以上的人曾有过体相烦恼。此时，身体形象在自我意识中占有很重要的地位，他们认为身体形象决定着自己在同龄人中的威信和声望，对自己的长相容不得半点差错；其次，一些人片面放大了自己长相的"缺陷"，比如有的人过分在意青春痘，整天照镜子，越照越没信心。

有了体相烦恼，正确面对很关键。有个女生，身高165厘米，体重75公斤，她觉得太胖了要减肥。先是早上起来跑步，一个月过去体重没改变。后来又吃减肥药，反应太强烈，放弃了。最后，她节食，每次餐后刺激咽部呕吐。体重在很快下降的同时，她也是吃什么吐什么，变成了神经性厌食症，最后不得不住院半年，并接受心理治疗。

美丽，如果以失去健康为代价就实在是太不值了！看看成功人士如何面对自己的长相吧——

很多人印象中的凌峰，是一顶被阳光浸透的旧草帽，一张被岁月镌刻得千沟万壑的古铜色的脸。有一次一位记者问："凌峰，你为什么长得这么丑？"凌峰说："我长得很中国，中国五千年的苦难和沧桑都写在我的脸上。"

光头葛优曾被评为"影帝"，有人说葛优不好看，葛优自嘲说："热闹的马路不长草，聪明的脑袋不长毛。"

其实，上帝把每个人都设计得很奇特，当你发现了自己与众不同的地方，你应该觉得自己很美丽！因为这个世界上没有一个人像你，你是独一无二的！

二是仪容的修饰美。常言道，三分人才，七分打扮。一个人的容貌是与生俱来的，但是也可以通过得体的修饰做到仪容整洁，来为你给别人留下的第一印象加分。人们之间的好恶亲疏往往也是对这第一印象"有感而发"的。同样，一个人的能力虽分高下，然而稍加注意，都能做到仪容整洁，这起码体现了一种做事认真、留意细节的态度，这些也都是出色完成工作所需要具备的基本素质。

整洁的仪容除了悦人外，还能悦己。仪容干净整洁，滴水不漏，更容易让别人亲近，在旁人赞许的眼光中，你的自信也就一点一点建立起来了。因此，职业人士在这方面千万马虎不得，要时时刻刻保持仪容整洁，别让一时的疏忽给初次见面的他人造成不可逆转的坏印象。

三是仪容的内在美。仪容的内在美是指通过努力学习，不断提高个人的文化素养、艺术修养和思想道德水准，培养自己高雅的气质与美好的心灵，让自己有内涵、有底蕴、有品位、更时尚。使自己秀外慧中，表里如一，好似酿造的葡萄美酒，时间越长酒味越醇厚，香味越浓郁，色泽和外观越美好。仪容的内在美还教你学会如何欣赏、鉴别，了解哪些美是适合我们的，哪些是不适合的。

人们的审美观各有不同，你不一定要长相完美，但你温和的个性、体贴人的特质，甚至你的一颦一笑，都可能吸引别人。所以，与其花精力烦恼长相，不如多做正面"投资"，如知识、艺术修养、待人处世的诚恳等，做个有魅力的人！

这三者之间，仪容的内在美是最高境界，它使仪容美得到升华，但它需要人们持之以恒才能成功。仪容的自然美是人们的心愿，而仪容的修饰美则是仪容美关注的重点，它可以快速弥补仪容的先天不足，可以现学现用，满足社交需要。三者的高度统一，将使你的容貌独具风格，耐人寻味，在社交场上充满自信。

发型要符合自己的职业身份 ◀◀◀

发型是构成仪容美的重要内容。美观的发型能给人一种整洁、庄重、洒脱、文雅、活泼的感觉。根据不同人的发质和职业，选择合适的发型，就可以扬长避短，和谐统一，增加人的整体美。

有一位从事医生职业的朋友，在一个多月的假期，待在家里写小说。三十多天下来，因为懒得出去理发，头发的长度已经逐渐接近艺术家的标准。而这点恰好是他妈最厌恶的一个形象，所以，在没有任何商量余地的情况下，被揪着头发出去，立马就理了个精光，再短一点儿，就能直接去少林寺当和尚了。回家之后，在朋友百般抗议，要求得到合理解释时，他妈告诉他必须这样做的唯一理由：医生得有医生的样子，说白了，就是要有职业形象。

关于职业形象这个问题，朋友这是第一次听到有人如此强调。在朋友刚上班的时候，为了能够最大程度地把自己融入到工作中去，他曾经花了一个晚上仔细学习有关工作的具体事项，但里面却没有看见哪怕一点点的规定，说是医生就不能留长发，哪怕连暗示也没有。

但这并不能阻止做了一辈子医生的老太太将他的头发"绳之以法"。但毕竟这种胡萝卜加大棒的教育方法叫朋友感到无比愤怒，所以，在朋友今年单独住到外边之后，便变本加厉地打扮起自己，不但留起长发，而且穿着另类，活像个街上的小混混。

这样做的结果是，有一天朋友正在科室里坐着，从门外进来一个男子，正搀扶着自己的母亲做检查，一推门就问朋友："医生呢？"朋友愣了一下，还是很诚实地告诉他："本人就是。"结果，那名男子上下打量他半天，终于忍不住，不好意思地说了一句："嗯……是吗？"在朋友很不厌其烦地保证他就是医生，而且已经上班好几年了之后，那个男子忽然一摸口袋，急中生智地说道："啊！我忘带钱了！"说完立刻转身而去。而在十几分钟之后，在朋友无意中推开机房时，发现那个忘了带钱的男人正在把自己的母亲扶到CT机床上，而为他检查的，则是被他专门请来的，满头银发的老主任。据朋友的同事说，当时他的脸就像被谁抽了一棍子，又红又黑。

几年前，朋友刚刚参加工作，经常出差学习，每每在火车上遇到陌生人，朋友刚一介绍身份，对方便会立刻开口说："小伙子斯文有礼，看样子就像个医生。"夸得朋友心里那叫一个舒坦。而现如今，如果朋友要与一个没有碰过面的网友约见，只要对他说一声："等火车到站时你找一个人，长得跟卖盗版光盘的似的，那就是我。"结果，对方一认一个准儿。

朋友怎么沦落到这个地步了呢？不管是不是打扮惹的祸，朋友确实应该重新拾掇一下了。由此可见一个人的发型是要与自己的职业身份相吻合，是要注重美和协调的，来不得半点轻视。

佛靠金装人靠衣装 ◀◀◀

记住，你的形象对你自己的思想，对别人对你的看法，都有很大影响。尽量使他人说："这是一位拥有自尊的人，他很重要，好好对待他。"

保持一个良好的形象是为了别人，更重要的是为了自己，使自己处于最佳状态。

你是你心中的自我。如果你的外表使你觉得自己低人一等，那么你就会低人一等；你的形象使你觉得渺小，那么你便会变得渺小。形象良好，则你的思想和行动都会受到良好的影响。

俗话说得好，佛靠金装人靠衣装，可是有人说："我如何能买

◎形象点拨

人情味是在互相体味中互相给予的。一颗明亮的心能把这个世界全照亮，并不是因为这一颗心是太阳、是月亮，而是因为，这颗心在鼓足勇气去照这个世界的时候，有很多人，很多心，因为它的明亮而明亮，因为它的明亮而照亮别人。

得起那种真正使我自我感觉良好，也能使别人看重我的衣服呢？"

许多人回答不了这个问题。但答案却十分简单——付两倍的价钱买一半的数量。记住这个答案，然后进行练习。把这一原则应用于人的一切穿戴上：帽子、衣服、鞋袜、外套。对于形象来说，衣物的质量远比数量更为重要。当你按照这一理论行事时，你会发现你的自尊及他人对你的尊重会油然而生。当你"付两倍的价钱买一半的数量"时，你会发现这样在经济上也很合算。因为：

1.你的衣服将延长两倍以上的寿命，因为它们的质量比以前的好得多，而且一直显示出它们的高质量；

2.你买的衣服的式样也将延续更长时间，好的衣服都是这样；

3.你将得到更好的服务和建议。商人们对要买高质量、高价衣服的顾客要比对常人热心得多，他们更愿意帮助你找到合适的衣服。

走向高层次，这是你做任何事情时都应遵循的规律，包括你到商店买东西时也一样。许多人因在花钱上斤斤计较想占小便宜而吃了大亏。

这样的例子很多，如一个人因雇佣了一个低薪水的会计，结果财政上出现了漏洞；也有人因找一位收费低的医生看病，结果得到的是完全错误的诊断；还有人因修房子、住旅馆、购买货物时贪一点小便宜而吃了大亏。

有人会说："我哪买得起那些昂贵的东西呀？"对这个问题，回答很简单，你更付不起"贪小便宜吃大亏"的代价。从长远来看，昂贵、高档的商品当然要比廉价低劣的产品更有价值。商品应该在精，而不在多。例如，买一双高级皮鞋要比三双一般质量的皮鞋更合算。所以，一流质量的产品所花的代价并不比二流产品花费的大，相反，往往更小。

用高级商店包装纸包着的东西，看上去十分精美。价格昂贵的香水，香味高雅。使用最好的产品，你就会在不知不觉中充满了自信。

如果总是穿得破破烂烂的，心情便自然低沉。充满生气的人总是打扮得十分考究，衣着整齐，没有生气的人则不修边幅，而不修边幅的人往往在社会上不会有什么地位。

是西装而不是棉被 ◀◀◀

王敢是一家公司的业务人员，然而，不论从哪方面看，他都不像是一个专业人士：头发理得很老土，看上去有点像刚从乡下进城的学生。他的衬衫也不是那种纯棉布的熨烫挺立的高档衬衫，而似乎是十分廉价的衬衫。他的指甲没有仔细修剪，最恐怖的是他的袜子，竟然穿着一双尼龙丝的袜子，而不是通常的棉线袜。

公司别的业务人员统统穿着几百元上千元的西装，年轻点的头发理成短短的寸头，用发胶梳得整整齐齐。他们对人也特别友善，头脑清晰谈吐文雅，都很注重自己的形象，没有任何一个人过胖或过瘦，因为他们需要自己有一个健康阳光的形象。

我们知道业务人员的工作就是为公司带来客户，那些注重仪表的业务员们将公司的产品向客户做出解释后，大多数的客户都签约了，相比而言，那个像乡下人的王敢，他的签约率则明显要低许多。

究其原因，王敢不注意自己的形象与签约率低有很大关系，当他向别人介绍自己公司的产品时，人们看到他的衣着打扮就会对他的话的可信度多少打一点折扣。亚洲成功大师、27岁就成为亿万富翁的陈安之说，当客户最初看到推销员的时候，他们已经决定了是否要接受他手里的货物，顾客买的不只是货物，也是推销员本人。

有朋友曾经对王敢说，你应该重新包装一下自己，买一些好一点的衣服，不然根本不像什么业务员。他听了也不气恼，点头答应着，过后却依旧不改。

其实，对于男士来说，一套好西装自然是必不可少的。但像上面这位男士，即使有了一套名牌西装，恐怕他也穿不出档次来，从上面的描述中，很让人怀疑他的审美观和他本身的"品位"。

那么，作为一个职场男士，高品位的着装规范都有哪些呢？

在所有的男式服装中，西装是最重要的衣着，得体的西装穿着会使你显得神采奕奕、气质高雅、内涵丰富、卓尔不凡。

选择西装，最重要的不是价格和品牌，而是包括面料、裁剪、加工工艺等在内的许多细节。在款式上，应样式简洁，注重服装的质料、剪裁和手工。在色彩选择上，以单色为宜，建议至少要有一套深蓝色的西装。深蓝色显示出高雅、理性、稳重；灰色比较中庸、平和，显得庄重、得体而气度不凡；咖啡色是一种自然而朴素的色彩，显得亲切而别具一格；深藏青色比较大方、稳重，也是较为常见的一种色调，比较适合黄皮肤的东方人。另外，西装的穿着还要注意与其他配件的搭配。

男性穿着西装三忌：

一忌不合身。

是西装还是棉被——选择衣料不当、不注意熨烫，口袋鼓鼓囊囊，袖口留着标签，怎么看都不体面。

许多男士误以为穿线条松垮、有大垫肩的西装，才能撑得起男子汉的架势。其实，一套西装要穿得体面，最为重要的就是合身。

在合身的前提下，再综合考虑自己的脸型、身高和肩宽等因素来选择西装。

二忌塞满物品。

西装讲究线条平顺，穿西装时口袋里的东西尽量精简为佳，最好只装一个钱包。切忌在西裤上别着传呼机和手机、大串钥匙，这会破坏西装的整体感觉。

三忌袜子搭配不当。

在西装的搭配中，袜子也是体现男人品位的细节。袜子的质地应为棉质。标准西装袜的颜色是黑、褐、灰、蓝，以单色或简单的提花为主。要注意使西裤、皮鞋和袜子三者的颜色相同或接近。袜口不可以暴露在外。

另外，还有许多细节需要注意。要知一个男人服饰品位的高低，只要看一看他身上的细节就可以了。一双鞋、一条领带、一件普通的衬衫，就能把他的品位显露出来。

在衬衫的选择上，领型、质地、款式都要与外套和领带协调，色彩上注意和个人特点相符合。纯白色和天蓝色衬衫一般是必备的。衬衣袖口可长出西装外套的0.5~1厘米，不能过长，否则会显得格外局促，缚手束脚。要经常洗手，连手腕也要清洗干净，这样可以保持袖口的整洁。注意领口和袖口一定要干净。

而皮带是富贵与干练的象征，皮带对男人的重要性是其他服饰配件无法取代的。但凡风度翩翩的男人，总会在腰间这一细节处刻意装饰。皮带的花色同着装的整体搭配密切相关。正式场合，穿着笔挺的西服时，腰带的花色应和皮鞋保持一致。同时，皮带潮流的变化，很大程度体现在钩扣上。当前，最理想的西服皮带是皮带勾不外露的那些款式。而且皮带的宽度要适中，如果太宽，就会显得不协调，当然也不能太窄。对一般人而言，两指左右宽度的皮带比较好。在色彩方面，要注意皮带头金属的颜色要与身上其他部分的金属颜色一致。如果是金色，则全身都应是金色，如果是银色，则全身都应是银色。切忌金银混合一身。

手表可以说是男人唯一的首饰。讲求工作效率的男人腕上不可无表，这是男人品位与身份的象征，也是男人为数不多的可以用来奢侈一把的机会。

西装革履的男人佩戴手表也是有讲究的。手表的款式和颜色也应与西服相配。其中手表的款式以平实、简约为宜，不宜戴运动型或者潜水型手表。手表表带等处的金属颜色最好与皮带头的金属颜色一致。

男人天性喜欢机械，手表当然首选厚重坚固的机械表，清脆的走时声、精美的表型和手工，尤处不透露着男性的成熟与稳重的魅力。手表近年来日趋变薄，但千万不要越戴越小。手表的厚重实际上是男人野性的体现，这种吸引力是不可抗拒的。

有人说，公文包承载了男性全部的成就感。不难设想，一个时尚的男人如果没有一只得体的公文包，他手上的东西再有价值也会显得琐碎。相反，一只独具品位的公文包，总能给人一种沉甸甸的分量。

男士穿西服，如果需要提包，最好提公文包，而且公文包的款式、质地和色彩一定要注意搭配。在款式上最适合的是横卧的长方形，在色彩上，要与皮鞋和皮带颜色一致，而且公文包上的金属也应与皮带头上的金属、手表上的金属，甚至如果皮鞋上有金属，其颜色都应统一起来。

不同性情的人对公文包的偏好也不大相同。IT界、新闻媒体界的个性男人喜欢选择时尚型的，这种包扁扁大大，放一台手提电脑还绰绰有余，但它很轻便，里面有许多隔层，可以将资料、笔、名片、手机、私密性的物件放得妥妥贴贴，让你做个有条有理的帅男。当然，质地一般以皮制品为主。

如果你是一位不折不扣的烟民，同时还想强调自己在生活品质追求上讲究点文化内涵，就不要再用那种廉价的一次性打火机了，用火柴都比用一次性打火机来得有品位。不同的打火机可以体现不同的性格品位，如果用上一只美式煤油打火机，那无形中便增添了许多男人味。

看看你的俱乐部图案领带 ◀◀◀

形象设计大师奥斯卡·王尔德说："学会系好领带，是男人生活中最严肃的一部分。"形象设计大师乔恩·莫利也说："那些穿着不合身的化纤西服、陈旧的衬衣和耀眼的领带的人，是没有机会走到公司的上层的。"

某大型企业的老总江先生，为投产新的生产线而积极寻找投资方，经介绍与一家国外投资银行的中华区负责人李先生见面商谈项目合作事宜。江先生为了在投资商的面前展现个人的品位与企业的形象，花了不少时间和费用置办服装。

会谈的当天，江先生认为自己的外表形象是无可挑剔的。他穿着高质量的意大利阿曼尼西服，脚踏闪亮的意大利老人头皮鞋，发型梳理整齐，穿着醒目的红白条纹衬衣，佩戴一条印有高尔夫俱乐部标志的金黄色的领带，上面还夹着一个金色的金利来领带夹。他认为这样的着装既有品位又有朝气和个性，一定能给所有人留下深刻印象。

果然，在会谈中，江先生发现对方的目光时常在他身上扫描，但对项目商谈却显得心不在焉，二十多分钟后会谈草草结束，投资方态度冷淡，也没有确定进一步的合作计划。江先生对这次会谈的结果觉得不解，因为项目资料是经过精心准备（公司技术层研究了一个多月），而且所有的服饰可是花费了三万多元购置的。

事后，投资方李先生表示：一看见江先生那条金灿灿的、令人眼花缭乱的俱乐部图案领带就使人觉得突兀、毫无品位；夸张的衬衣搭配仿佛在宣告其缺乏自信，需要别人的注目；还有那过时、土气的领带夹是20世纪80年代的事物，使人无法相信一个思想停留在上世纪的经营者所进行的项目能有多少成功的机会。

自然，江先生要继续寻找其他机会推广他的项目了。

法国形象设计师说："领带是展现你的个性的最好办法。你是保守的、花哨的、权威的、沉默的，还是严肃的个性，人们能迅速从你的领带中去领悟。领带是男人的概念和风格，是男人全身唯一最能表达自我的工具。"美国时尚专家里克·爱伦在他的《领带之书》中形容："领带是雄性服装中唯一带有梦幻的一个点缀，它能用多种语言表现穿衣者不同的年龄、背景、品位、风格和地位！"英国19世纪最著名的剧作家王尔德也寓意深刻地作过这样的总结："学会系好领带是男人生活中最严肃的一步。"选择领带意味着一个男人开始建立自我个性，是他走向成熟的象征。

领带被称为西装的灵魂，凡是正规的场合都应打领带。打领带时，应对领带的结法、领带的长度、领带的位置、领带的佩饰多加注意，才有可能将领带打得完美无缺。领带选用丝质的为上乘，领带的花色品种是很多的，其中使用最多的是斜条图案领带。这种领带分美式、英式两种，区别在于斜条图案的走向正相反：美式从左上斜到右下，英式从右上斜到左下。穿英、法式西服配英式领带，穿美、意式西服配美式领带，不宜互相错用。

领带的结法有好几种，原则是：衬衣的领角越大，领带结扎得越大；领角越尖，领带结扎得越小；领带中庸，相应领带结也扎得适中。扎好的领带，长度以不超过皮带为佳。如果穿三件套装，要将领带放入背心里。

领带打得好不好看，关键在领带结打得如何。打领带结有三点技巧：一是要把它打得端正、挺立，外观上呈倒三角形；二是可以在收紧领结时，有意在其下压出一个窝或一条沟来，使其看起来美观、自然；三是领带结的具体大小不可以完全自行其是，而应令其大体上与同时所穿的衬衫领子的大小成正比例。

成人日常所用的领带，通常长约130～150厘米。领带打好之后，外侧应略长于内侧。其标准的长度，应当是下端正好触及腰带扣的上端。这样，当外穿的西装上衣系上扣子后，领带的下端便不会从衣襟下面"探头探脑"地显露出来，当然，领带也别打得太短，不要让它动不动就从衣襟上面跳出来。出于这一考虑，不提倡在正式场合选用难以调节其长度的"一拉得"领带或"一套得"领带。

领带打好之后，应被置于合乎常规的既定位置。穿西装上衣系好衣扣后，领带应处于西装上衣与内穿的衬衫之间，穿西装背心、羊毛衫、羊毛背心时，领带应处于它们与衬衫之间。穿多件羊毛衫时，这种情况不合常规，最好不要出现，应将领带置于最内侧的那件羊毛衫与衬衫之间，不要让领带探出西装上衣之外，或是处于西装上衣与西装背心、羊毛衫、羊绒衫、羊毛背心之间，更别让它夹在两件羊毛衫之间。

有人喜欢用领带夹固定领带。但要注意，领带夹的位置要正确，千万不能太高，如果扣上西服外套，以看不见领带夹为准。但现在比较时尚的做法是不用领带夹，这样更给人潇洒飘逸之感。

一般的男性都会为自己准备几条领带。西装、领带、衬衣三者的色调应该是和谐的，而领带是三者中最醒目的。领带的主色调一定要与衬衫有所区别。但领带选择与外衣同色系时，颜色要比外衣更鲜明；当领带采取与西装对比色的搭配方法时，领带颜色的纯度要降低。单色、条纹、圆点、细格、规则图案，都是最常规的。穿礼服时领带颜色尽可能庄重些，像大花图案、色彩斑斓的就不合适。如果不是特殊嗜好，最好不要打鲜红色的领带。

6000元的皮鞋也只能穿三天 ◀◀◀

华尔街上的人经常说："永远不要相信穿着破皮鞋和不擦皮鞋的人。"这句话的内涵竟然是，一双鞋子体现一个人的诚信度。英国一位世代做皮鞋生意的绅士说："低头看看你脚上穿的，就知道你真实的身份。"在古罗马，人们也用鞋来标志一个人的身份。出身高贵或者有良好教养的人，在其成长的过程中会受到这样的教育：鞋是一个人的身份象征之一。

好的鞋应该是美观与舒适兼备，轻巧而富于弹性。穿着西服一定要配皮鞋，而正式场合则一定要配系鞋带的皮鞋。鞋的款式和质地的好坏会直接影响到男士的整体形象。

在颜色的选择方面，建议男士们选择黑色或深棕色的皮鞋，因为这两种颜色的皮鞋是不变的经典，浅色皮鞋只可配浅色西装，如果配深色西装会给人头重脚轻的感觉。休闲风格的皮鞋最好配单件休闲西装。

典雅传统的黑色牛筋鞋，是商务应酬和写字楼先生们上班的最佳选择，它与各类西装都能配合默契。但是穿棕色系服装时最好配同色的鞋。黑色鞋和棕色鞋是男士鞋柜中的必备物。但记住，鞋的作用虽然重要，但也不能比全身衣服更夺目，否则远远看上去就像一双鞋自己踱着方步走来。

无论穿什么鞋，都要注意保持鞋底与鞋面的清洁，鞋不能破损，鞋面要擦亮，不要留有碰擦损痕。光洁的皮鞋会给人以专业、整齐的感觉。

皮鞋应该是纤尘不染、光亮可鉴的，所以任何时候都不要让它显得风尘仆仆。尽量选择高价格高品质的皮鞋。但是，即使是6000元的皮鞋也不要连续穿着三天以上。正式西服只能以传统、庄重的系带式皮鞋相配。不要在正式、隆重的场合穿着非黑色皮鞋，即使它被擦拭得十分干净，也会显得你本人不体面。

另外，和皮鞋相匹配的袜子要宁长勿短，以坐下后不露出小腿为宜。袜子颜色要和皮鞋的颜色协调，深色袜子比较稳妥，因为浅色袜子只能配浅色西装，不宜配深色西装。

千万不要买所有成分都是人造纤维的袜子，最好是羊毛、丝毛或毛棉混纺、纯棉袜子。年过24岁，应该摒弃白色袜子，它会使你显得像一个学生。不论年龄多大，花袜子总是不适合男性。

常备一瓶口腔清新剂 ◀◀◀

作为一名在职场打拼的职业人士，每天保持仪容整洁是最基本的要求。因为职场不同于家庭，家庭是个放松身心、休养生息的地方，在家里可以随便一些，甚至邋遢一些。但在职场却要打起十二分的精神完成社会赋予的责任，这时候就有必要对自己的仪容进行精心的整理和修饰，给别人留下良好的视觉观感印象，从而有助于事业的成功。

要做到仪容干净整洁，需要长年累月坚持不懈、不厌其烦地进行以下仪容细节的修饰工作：

1.要想美，讲卫生

干净整洁的外表，给人以清爽宜人、淡雅美丽之感，"要想美，讲卫生"。试想，当一个蓬头垢面、满身汗渍、衣衫不整、散发着汗味的人走进社交场所，人们愿意与之接近吗？他自己会有自信吗？

洗澡可以除去身上的尘土、油垢和汗味，并且使人精神焕发。有可能的话要常洗澡，至少也要坚持每星期洗一次。在参加重大礼仪活动之前还要加洗一次。若脸上常有灰尘、污垢、泪痕或汤渍，难免会让人觉得此人又懒又脏。所以，除了早上起床后、晚上睡觉前洗脸之外，只要有必要、有可能，随时随地都要抽出一点时间洗脸净面。

2.去除让人作呕的分泌物

首先要清除眼角分泌物（眼屎），它给人的印象很不雅，所以，应经常及时地将其清除；戴眼镜者还应注意，眼镜片上的多余物也要及时清除。其次要注意去除鼻孔分泌物（鼻涕），在外出上班或出席正式活动之前，要检查一下鼻孔内有无鼻涕，若有要及早清除。再次要去除耳朵的分泌物（耳垢），虽然它不易看到，但却不要忘记对其打扫。最后还要注意去除口部的多余物，这是指嘴角周围沉积的唾液、飞沫、食物残渣和牙缝间的牙垢，它们看起来让人作呕，必须及时发现及时清除。

3.定时剃须，修剪"鼻毛"

在交际场合，男士若无特殊宗教信仰和民族习惯，最好不要留须，因为在交际场合"美髯公"并不美，它显得不清洁，还对交往对象不尊重，因此男性最好每天坚持剃一次胡须，绝对不可以胡子拉碴地上班或与人会面。此外还要注意经常检查和修剪"鼻毛"，在人际交往中，偶尔有一两根鼻毛黑乎乎地"外出"，很不雅观，是会破坏他人对自己的看法的。

4.让"第二张脸"也光亮

手是人体与外界进行直接接触最多的一个部位，也是动作最多的一个部位，如握手、拥抱、致意、敬礼、拿物品、进食等。人们通过手传递多种信息进行非语言沟通，所以又称为人的"第二明信片""第二张脸"。手也最容易沾染脏东西并带上细菌，首先必须勤洗手，除饭前、便后外，还要在一切有必要对其讲究一下卫生的时候洗手。还要常剪手指甲，绝不要留长指甲，以其长度不长过手指指尖为宜，因为它不符合经常出入公共场所人员的身份，而且还会藏污纳垢，给人不讲卫生的印象。

5.说话不要"带味道"

为了避免在工作中担心自己说话"带味道"，或是使接近自己的人感到不快。就要坚持每天刷牙，消除口腔异味，维护口腔卫生，防止牙齿疾病，这是非常必要的。有可能的话，在吃完每顿饭以后都要刷一次牙，切勿用水漱口和咀嚼口香糖一类无效的方法来替代刷牙。还要养成平日不吃生蒜、生葱和韭菜一类带刺激性气味食物的良好习惯。

6.头发要有"秩序"

头发是人体的制高点，因为人们的发型多有不同，故此颇受关注。

首先应清洗头发。除了要注意采用正确的方式方法之外，最重要的是要对头发定期清洗，并且坚持不懈。一般认为，每周至少应当对自己的头发清洗两三次。

其次是修剪头发。与清洗头发一样，修剪头发同样需要定期进行，并且持之以恒。正常情况下，应当每半个月左右修剪一次自己的头发，至少也要确保每个月修剪头发一次。否则，自己的头发便难有"秩序"可言。

最后是梳理头发。梳理头发是每天必做之事，而且往往应当不止一次。按照常规，在下述情况下皆应自觉梳理一下自己的头发。一是出门上班前，二是换装上岗前，三是摘下帽子时，四是下班回家时，五是其他必要时。

在梳理自己的头发时，还有三点应予注意：一是梳理头发不宜当众进行。作为私人事务，梳理头发时当然应当避开外人。二是梳理头发不宜直接下手，最好随身携带一把梳子，以便必要时梳理头发之用。不到万不得已，千万不要以手指去代替梳子。三是断发、头屑不宜随手乱扔。梳理头发时，难免会产生少许断发、头屑等，随手乱扔是缺乏教养的表现。

另外，建议男士常备一瓶口腔清新剂，但别太香。自己身上的异味对别人来说就像闻到了灭蝇喷射剂一样，千万别以身试法。

社会新人变装三步骤 ◀◀◀

许多人都认为，工作上的专业知识和能力胜于一切，至于穿着打扮只要不离谱就行了——这是错的。成功虽然并不完全依赖衣装，但不可否认，对大多数人的事业来说，穿着的确占有相当重要的地位。研究显示，穿得成功的女性，虽不一定保证事业也会一帆风顺，但是她若穿得不得体，却几乎注定要失败。着装形象几乎可以标志着一个人的前程。当一个女人开始尝试穿出成功时，她会比其他竞争者更迅速地取得优势。

现在的年轻人个个都很有想法与风格，在造型上多的是不同于他人的时髦一族。不过，校园与职场是两个南辕北辙的地方，职场最需要表现给上司、同事以及客户的印象，专业稳重绝对要比时髦炫目重要多了。

踏入职场的第一天，就是培养"编码"能力、建立专业形象的第一天。如果你的置装预算有限，就更要多练习服饰的正确选择和搭配，并且把目标锁定在"穿出专业形象"上。以下提供给你专业穿着的三个变装步骤，让你在最短的时间内穿出专业与得体。

步骤一：场合决定今天的穿着

选衣穿衣，请把握住"场合决定今天的穿着"的原则，例如今天要出席正式会议，你就应该穿上衣柜里最正式的套装；如果去拜访客户，衬衫加西装裤的装扮可算是最合宜的选择。

步骤二：穿着由大面积到小面积

"穿着由大面积到小面积"可以让穿着搭配化繁为简。例如，当需要穿套装时，可以先决定要穿的套装，再选择可以与之搭配的上衣，接下来是首饰、鞋子等配件；如果不穿套装，可以先决定下半身。

下半身决定今天的"活动性"，例如牛仔裤让你很休闲、西装裤正式又方便、短裙活泼轻巧、长裙看起来很优雅。所以，要想想今天需要什么样的"活动性"。

下半身决定好了，接着决定上半身。上半身决定今天你想带给别人的"感觉"，例如同样穿西装裤，你想要正式带浪漫的装扮、正式带轻松、还是正式带活泼的感觉呢？

全身衣服打点好了，接下来是配件的选择。选择配件时，要一再地问自己：今天的配件和整体造型协调吗？它可以让服饰整体看起来更有质感吗？还是反而让服饰整体减分了呢？

步骤三：彩妆与发型要和整体造型搭配

穿好了衣服，接下来就轮到发型和彩妆了。发型和彩妆不但是整体造型的一部分，更是为穿着"锦上添花"的仙女棒。

例如，利落的发型可进一步提升上班穿着的正式感与专业度（不管此时你是穿套装还是非套装），有弧度或较女性化的发型则能让你的整体装扮看来更柔美；相反，如果顶着一头"乱"发，那么身上穿得再好、再专业也无济于事了。

另外，彩妆也很重要，建议你多学几种化妆的方法，并随着穿着的正式度与不同的味道稍微改变彩妆的风格。别小看这些细节，彩妆与发型和穿着的关系是乘法关系而不是加法关系，有一样是零，整体就是零了。

不过，要提醒各位新人的是：千万不要认为只要穿上名牌，身份就会跟着高贵起来。名牌之所以好看或者之所以高贵，是因为"你穿起来好看、穿起来高贵"，而不是"这件名牌衣服好看或高贵"。每次你购买之前请思考：如果这件衣服上没有那个名牌的标签，你还会觉得它是一件好衣服吗？你穿上它真的好看吗？如果答案是肯定的，再买也不迟。

刚进入社会的新鲜人并不一定得花上大笔钞票才能应付门面。除了可以借衣柜旧有的流行单品搭配一些新上市的基本款设计单品之外，不同行业也有不同的服装标准，只要弄清楚未来希望任职场所的企业文化与风格，就可以以最少的预算得到最合适的搭配组合。

饰物要有画龙点睛之效 ◀◀◀

女士在选择佩戴物品的时候，需要注意的是：礼仪的目的是体现出对他人的尊重，所以修饰物应尽量避免奢华。必备物品和男士携带标准基本相同。

当然，恰当的首饰不仅能提高服饰的档次和提升经济价值，还能提高人们的审美能力和满足人们的审美需求。从事商务工作的女士佩戴的首饰应较为简单、精致、高雅，不宜多戴，才会起到点缀作用。在需佩戴一种以上的首饰时，要注意饰物的风格、外形、颜色要和谐，最好能配套一致，否则会使人感到烦琐杂乱、无品位。

佩戴饰物要起到画龙点睛之效，就必须符合少而精的原则，忌讳把全部家当毫无选择地往身上戴，整个人像个饰品推销商或是一棵圣诞树，这就失去了佩戴首饰的意义。

1.首饰与服装相协调

首饰必须同服装匹配协调才美。女性的服装随着四季气候的变化而变化。从款式上看，花哨的服装宜与色彩淡雅的首饰相配；深沉单色的服装可配一些色彩明亮、尺寸稍大、款式细巧的首饰；若是服装有许多花边装饰，那么首饰就应该简洁些，以免相互冲突；编织毛衣款式可选佩玛瑙、紫晶、虎石等原料制成的项链，或者皮革、木头、贝壳等串制的时装项链；穿着真丝衬衫或裙装时，一条简单的金项链已足够；若是项链较长且有垂坠，最好再配上一条手链。

穿运动服或工作服时不必戴项链和耳环，因为这些饰物并不能衬托服装，反而显得不伦不类；穿鲜艳花上衣或花毛衣也不必再戴项链，戴上后不但项链被淹没，反而给服装添乱。

2.首饰与环境相协调

首饰的佩戴还得考虑到季节与场合，以免与佩戴时的环境不和谐：例如，年轻女性夏季可佩戴色彩鲜艳的工艺仿制品，像有机玻璃制成的串珠、别针等，体现夏日的浪漫和活泼；冬季则可佩戴一些珍珠、宝石、金银等饰品，以显得典雅和清纯。女士平日上班，首饰宜选小巧精致、淡雅简朴的胸针、耳环、项链等，以不过于耀眼、不妨碍工作为宜；参加晚会或外出做客时，可佩戴大型胸针、带宝石坠子的项链、带坠子的耳环等闪光的饰品，这样在灯光下会显得更漂亮。

3.首饰与体貌相协调

选择首饰要与自己的年龄、体形、发式、脸型、职业等构成的个性特点相吻合，利用各类饰物的点缀之妙为人增色；掩饰自身的不足，以衬托个体独特的气质。例如，脖子粗短者不宜戴多串式项链，而应戴长项链，以显得脖子长些。又如，圆脸或戴眼镜的女士，要少戴大耳环和圆形耳环，戴多了和戴不对反而画蛇添足。年轻女士则应选择质地佳、颜色好、款式新潮的时装首饰，更显妩媚可爱。相反，年龄较大的女士应戴一些较贵重的比较精致的首饰，以衬托自己的庄重、高雅。

4.项链的选择与佩戴

项链的种类很多，从质地上分，有金、银、铜、玉、骨质等等；从款式上看，有镶钻石、宝石的、有景泰蓝的、有机制链条式的、有带坠的等。在这些做工精细、色彩斑斓的项链中，最流行的为金银项链、象牙项链和珍珠项链。

金项链有松齿链、串绳链、马鞭链、花色链、方丝链等，其中方丝链是最常见的款式。这种项链的直径较细，脖子细长的人佩戴，可达到纤细柔美的装饰效果。年龄较大的女性则可选择马鞭链，以突出稳重、端庄的气质。双套链和三套链雅致美观，立体感强，适合少女佩戴，更添风采。珠宝钻石项链高雅华丽，适合中年女性佩戴。

项链的选择还要根据不同脸型进行不同搭配。尖脸型的女性，可选用细项链，项链不宜过长，否则会显得脸型更长。方脸型或圆脸型的人，体态大多比较丰腴，可选用较长些的项链，以达到调和脸型的目的。

项链佩戴还要与服装协调搭配。一般说来，夏天因衣着单薄，尤其女性穿低胸领口的新潮衣裙，佩戴金、银或珠宝项链都很美。当你穿一件真丝衬衫时，戴一条金光闪闪的金项链，会使你显得妩媚而美丽。在春秋季节，如果外套是一件较厚实的羊毛衫或棒针衫，那么选择一条玛瑙、紫晶石或白玉项链很合适。佩戴这类项链，必须注意色彩上的搭配协调。浅色的毛衫要佩戴深或艳一些的宝石类项链；深色的毛衫要佩戴浅或透明度高一点的宝石类项链；白色或浅色的羊毛衫可配紫晶或红玛瑙项链。

5.耳环的选择与佩戴

耳环按其形状可分为两大类，一类是纽扣式，一类是悬垂式。耳环的花色更是多种多样，有花形、圆形、心形、梨形、三角形、方形、多棱形、大圈形、剪刀形、蛇形等。

每个人应根据自己的脸型选戴合适的耳环。脸型较大的女性不宜用圆形耳环，但可用较大一些的几何形耳环，佩戴时要紧贴耳朵；脸型小的女性宜用中等大小的耳环，以长度不超过两厘米为佳；圆脸型的人，宜戴长而下垂的方形、三角形、水滴形耳环；方脸型的人宜戴有耳坠的耳环，以使脸型显得狭长些；长脸型的人最好戴紧贴耳朵的圆形耳环，以增加脸的宽度。

佩戴耳环还要和发型相协调，这样才能表现出良好的效果。梳长直发型的女性，宜佩戴长链子形的耳环，可给人以柔和婀娜之感；梳长辫式发型的女性，宜佩戴悬垂式的钻石耳环；如果将头发梳成髻或盘于后脑，不妨佩戴白色或有色彩的大型耳环。同时，耳环的色彩选择与服装应相映成辉，宜选择对比色或服装同色的耳环，金、银、钻石耳环宜配质地高档的服装。

6.戒指的选择与佩戴

戒指，是点缀手的饰物，佩戴起来，局限于手指，比起项链和耳环来不那么引人注目，但对人整体形象的影响不容忽视。

比较常见的戒指种类有线戒、嵌宝戒、钻戒、方板戒、板戒等。诸多戒指各具特色，因此在选择戒指时，要考虑是否适合自己。

首先，应注意所选戒指与皮肤的颜色相配。如：褐色皮肤的手，戴上金戒指比较协调，有高雅感；而手背肤色偏黑的人，可佩戴颜色较深的戒指，如暗褐色或黑色宝石戒指，可使手背颜色不致太明显。

其次，所选戒指应与手指的形状相符。例如，手指较短小或骨节突出的女性，应戴比较细小的戒指，款式最好是非对称式的，以便分散别人对手指形状的注意力。手指修长纤细的女性，应选择粗线条的款式，如方戒、钻戒，这样可使手指显得更加秀气。手掌较大的女性，要注意所戴的戒指的分量不要过小，否则会使手掌显得更大。

戒指的佩戴方法，不同民族因习惯不同而有所区别。在中国，习惯将戒指戴在左手上，因为左手较少用于劳作，戴上戒指不易碰坏。但如今，当代男女戒指戴在哪只手上都已随便。

戒指的佩戴，形成了一套约定俗成的戴法。它是一种无声的语言，可以反映出佩戴者的择偶和婚姻状况。除大拇指外，双手各个手指都可以佩戴，不过戴在不同的手指上有不同的含义。戴在食指上，表示求婚；戴在中指上，表示处在热恋中；戴在无名指上，表示已经订婚或结婚；戴在小指上，表示独身，或表示终身不嫁或不娶。

7.手镯与手链的选择与佩戴

手镯和手链，一般只戴一种。手镯的佩戴应视手臂的形状而定。手臂较粗短的应选细小形的手镯；手臂细长的则可选宽粗的款式，或多戴几只细小型的来加强效果。

戴手镯和手链很有讲究，不能想怎么戴就怎么戴。手镯一般戴在右臂上，表明佩戴者是自由而不受约束的。如果在左臂或左右两臂同时佩戴，表明佩戴者已经结婚。

一只手上一般不能同时戴两只或两只以上的手镯和手链，因为它们之间相互碰撞发出的声响并不好听。若非要戴三个手镯，则要一齐戴在左手上，切不可一只手上戴两个，另一只手上戴一个。手镯如能与耳环或项链同款式，则给人一种和谐美的感觉。此外，戴手镯时不应同时戴手表。

掩饰不足的美容化妆技巧 ◀◀◀

掩饰不足是美容化妆的最高境界，要做到这一点，除了化妆技术外，还需要更高一层的审美能力与分析能力，即加强内在修养。因此化妆的目的并非让人知道你打扮过了，也不是让人看到你抹了化妆品在脸上了，而是要让人见到化妆后的你时感到你并没有怎么化妆，却很光彩迷人。在化妆之前，每个人要有一个整体的、理想的设计形象，并尽力塑造出这个形象。

世界上没有一个人是十全十美的"标准"人。假如你时时都在懊恼自己的脸型或五官不标准，那大可不必，因为即使自己存在不符合标准的部分，同样可以用化妆的技巧来改善，并利用自己不符合标准的部分，使它具有个性美。

1.圆脸型的化妆美容技巧

化妆。加强面部的立体塑造，在涂粉底时，可用偏深的粉底涂面部两侧，在额部、鼻梁、下巴处涂明亮色。鼻侧影略向眉头部位揉擦，以抬高鼻根，使鼻型挺拔。眉毛做上挑圆弧形描画。眼影不宜用浅亮色，深色眼影可使面部凹凸感加强。

发型。适合留直线型长发或高耸型盘发，与耳朵平行的卷曲短发、头顶部发廓不丰满的发型均易扩大圆脸的缺陷。

服饰。长方领及"V"字形领均适合圆脸型，应避免穿大圆领或小圆领。紧围脖领的短项链不适合圆脸型的人佩戴，可选择长而下垂的项链、有挂件的项链以及菱形、长形带坠耳环。

2.方脸型的化妆美容技巧

化妆。底色不宜太浅，色彩沉着的底色加上红褐色的面颊红，会使方脸有结实感。眉型可以是略粗的呈角度弧形，又细又弯的眉会与方脸形的轮廓线形成较明显的对比。眼影与唇膏的颜色可以鲜明一些，用强调五官来减弱方脸的轮廓。

发型。不适宜留与腮帮一样齐的直发，因为笔直的头发与棱角分明的脸廓硬线条组合在一起，无疑会扩大方脸的缺陷。略有波浪的柔软型长发可以掩饰突出的下颌角。圆柔的短发型、垂肩的中长发型，都比较适合于方形脸。

服饰。不宜穿大圆领或领口紧闭的衣服，因为大圆领与方脸形成明显的对比，紧闭的领口会衬托下颌使方脸的轮廓清晰。着"V"型领及"一"字型领服装比较合适。耳环可选用较大的、悬吊型的或紧贴耳垂的，这样可以使脸型显得细俏一些。

3.长脸型的化妆美容技巧

化妆。可选择较浅淡的自然型粉底。胭脂用淡红色，从颧骨的中心往耳朵方向推抹成扇形。在下巴、额头上也略施暖色调阴影色。眉毛修饰成向脸部横向发展的平弧状缓和曲线。睫毛膏染外眼角睫毛。总之，化妆上采用的线条与色彩，都应以横向引导来造成视错觉，以便使长脸型有所改观。

发型。长脸型的人往往显得老成。从头、面部的大轮廓来看，比例上是长有余而宽不足。弥补的方法首先是利用发型来调整比例。应避免直长发和盘髻发式，这些易加强长度。而蓬松的卷发或留有齐眉刘海的童花式等，都会在视觉上加强脸宽，如果戴圆形帽或宽帽效果也不错。

服饰。不宜穿领口很低的圆领及"V"型领的服装，因为领口线条的分割，使脖子与脸形成一体，看上去更长。而高圆领及横向开领有助于弥补长脸的不足。项链以不带挂件的圆形的为好。耳环要避免长条形或悬吊型。

4.小脸型的化妆美容技巧

化妆。用浅色粉底可使脸部面积显得宽阔，面红可选用浅桃红、淡红。眉毛、眼睛、嘴唇的颜色可适当明丽，线条的描画清晰，使修饰过的五官显得眉清目秀。

发型。具有蓬松感的卷发、中长发、长波浪等发型，能使头部显得饱满，从而与身材协调。紧贴脸部的发型、短直发、运动式短发、直线型长发等，对于小脸型均不适宜。

服饰。不宜穿着领口宽大或大衣领服装，少用或不用垫肩。也不宜穿领口紧闭的服装。耳饰太大或太小都不适合，以中等大小为宜。

5.大脸型的化妆美容技巧

化妆。选用比自己原来肤色偏深一些的粉底作为底色，因深色比浅色有收缩感，面部的两侧可以涂一些能与底色衔接的阴影色。额部、鼻梁、下巴涂上明亮色，但也需要与底色自然相接。这样，首先形成脸部大的起伏，再用鼻影使脸部唯一的纵长结构更具立体感，鼻侧影的颜色比肤色略深，并应和眼影色融合。眼睛做重点刻画，加上眉毛与嘴唇的衬托，使五官明艳清晰，以此来减弱脸庞轮廓线的印象。

发型。脸庞大的人，容易使头与身材的比例不协调，比较合适的发型是：简洁流畅的短发，飘逸的直长发，以及能遮掩脸廓的发式。

服饰。衣服的领口线条以简洁明快为好，少加或不加花边，"V"型领是较为理想的样式。如佩戴项链、耳环，亦以长型饰物为佳。

6.合乎礼仪的三个"不要"

（1）不要在他人面前化妆。

在他人面前化妆，是非常失礼的。化妆过程不雅，既是对他人的妨碍，也是对自己的不尊重。假若真需要修饰的话，应该到洗手间去进行。经常当众化妆，还会让人感到你不务正业。

（2）不要借用他人的化妆品。

无论是对谁，无论是否需要，都不要去借用人家的化妆品，这不仅不卫生，也不礼貌。

（3）不要非议他人化妆。

因为民族不同，文化传统不同，肤色差异以及个人审美的差异，在化妆上的品位也就不同，每个人的化妆也不可能都是一样的。所以，切不可对他人的化妆品头论足。

第4章

好形象一定是注意细节的

密斯·凡·德罗是二十世纪世界上四位最伟大的建筑师之一，在被要求用一句最概括的话来描述他成功的原因时，他只说了五个字："魔鬼在细节。"

无意的举动会"暴露"自己 ◀◀◀

一个人对待生活的态度，对待人生的态度和人品的高低，在其人生中起着很重要的作用，有时成功与失败之间的距离就在这些生活习惯及不经意流露的细节之中。

去吃午饭的路上，同事对张影说："你知道吗，王叶被辞退了。"张影想起财务部是有这么一个女孩子，感觉工作有些迷迷糊糊的，就问："账务上出问题了？"同事说："其实也没有什么事情，她上班的时候化妆，被老总看到了，真倒霉。"张影没说话，心想：可能老板觉得一个出纳这么热衷于自己的容颜，用着不放心吧？

晚上公司有个酒会，年终岁尾的时候，这个节目总是难免。因为张影是总经理助理，酒会上，需要照料的事情很多，要一边揣度老板的心思，一边控制场上的局势。

酒过三巡，房间里开始热闹起来，也许是酒精的作用，大家开始进入状态，每个人都比较放松，说说笑笑，觥筹交错，有的人还跑去唱歌。张影微笑着环视了一下，忽然发现身边的总经理托着酒杯，若有所思的样子。怎能把他给冷落了呢！张影忙举起杯走过去："李总，敬你一杯！"

李总笑笑，让张影顺着他的目光看。原来，几个广告部的小伙子正在给他们的"部门之花"韩薇敬酒，韩薇不知道听了什么好玩的事情，笑得花枝乱颤。

这有什么好看的？李总见张影疑惑的眼神，解释道："人在放松的时候最接近本质，这时他们忘记了伪装。小事情大学问。"接着他开始分析酒桌上的几个人："韩薇，有酒胆没酒量，她其实已经喝多了，可是自制力差，小处随便，不能委以重任。王平，借着酒劲儿和女孩子坐一把椅子，不自重。张航，自己坐在一边落落寡合，这样的个性不太适合做销售……"张影听出了一身冷汗——不就是吃一顿饭吗？每个人的举手投足竟让有心人看得清清楚楚，太恐怖了！

饭后的舞会有些冷场，多数人都在观望等待。李总下了死命令，男孩子必须请女孩子跳一场舞。别看有些人工作起来如鱼得水，对舞技却一点信心都没有，被逼无奈，只好硬着头皮走上几步。不过也有聪明的，先拉着女伴在老总眼皮底下晃晃，然后趁场面嘈杂就不知溜到哪儿去了。咳，估计也没人注意这些。

酒会后的一个月，区域业务员回公司述职。老总对一个人的工作非常恼火："你就不要找理由了，上次酒会上你连跳舞都在我眼皮底下搞小动作，现在在经销商那里碰到难题，当然更会推脱了。阳奉阴违，遇困难就躲。"哇！上纲上线了。

以上这则故事，是不是让身在职场的你有点不寒而栗？这些似乎都是一些无足轻重的小事，一些不为人注意的细节，然而是不是就在无意之中把自己暴露了呢？那位老总的分析不是没有道理的。因为恰恰就是这些小事，有时的确反映了一个人的本质。

记住，职场之上无小事，你觉得无关紧要的问题，上司可是很喜欢斤斤计较，认为窥一斑可知全豹的。所以小处千万不可随便。

我们切莫忘记，我们的生活是由各种微小的细节组成的，细小的事物总能够引发出伟大的结果。恶劣的小节，也会导致恶性的影响，留下恶性的印象。小事不为者，大事难成。对于修养小节视而不见，疏而略之，久而久之，就会自然而然地养成陋习，而习惯又会渗透到思想意识之中，不但会导致恶性的、愚蠢的、堕落的思维方式，还会污染一个人的灵魂。

细心的你最能感动他人心 ◀◀◀

在人与人之间的交往，有的时候往往是细节更能体现一个人的修养，也更能打动人。

1999年10月23日，江泽民主席夫妇访问希拉克总统故乡克雷兹，下榻总统私宅——碧蒂古堡。这个古堡有四百多年的历史，总统在古堡设家宴，款待江泽民主席一行。

古堡很雄伟，古色古香，但希拉克总统说，住起来不如大旅馆舒服。晚宴之前，先在客厅小叙。古堡的布局是一进大门，右手是客厅，左手是餐厅。希拉克总统夫妇邀请江泽民主席夫妇喝开胃酒。过了大约一刻钟，希拉克总统提议吃饭，宾主步入客厅。希拉克总统把王冶平大姐引到他的右手坐下，还帮她把凳子扶好，推进去。然后，大家只见希拉克总统大步流星地走出客厅。当时陪同的中国驻法国大使很警惕：发生什么事了？是不是总统有急事处理？但如果有急事，总统会说明一下，不会不打招呼就走。正纳闷时，总统回来了，大家看到他手里拿了一个靠垫。原来总统注意到，在进入客厅喝开胃酒时，护士给王大姐背后放了一个靠垫。总统到餐厅，见王大姐椅子上没有靠垫，就去给她拿来了。事情不大，但很感人。希拉克总统也可以叫服务员到客厅去拿来，但是他没有这么做。可能他认为，你到我家来了，我是主人，你是客人，我一定要尽到主人的心意，让客人感到舒服。

大使后来说："我想过若干年，我可能对当时谈的有些内容记不清了，但这件事大概是不会忘记的。"

对于细节或细致工作的重要性，从古至今，无数名人伟人都有过精辟的论述。老子曾说过："天下难事，必做于易；天下大事，必做于细。"

在工作中，这种细致也是必不可少的。"工作因细致而卓越"，它和另一句流行语"细节决定成败"有异曲同工之妙。

而那些看不到细节、不去细致工作的人，必然缺乏认真的态度和扎实的精神，对工作只是敷衍了事。他们无法把工作当作一种乐趣，因而在工作中缺乏热情，只能是被动消极地应付，最终的结果是一事无成。

目前，精细化管理时代已经到来，成大业若烹小鲜，做大事必重细节。认真做好每一件小事，成功就会不期而至。

职场称呼需要多个心眼 ◀◀◀

叫上司"老板"还是"老师"？还不熟悉的同事，该如何称呼？不要以为这是小节，职场称呼作为一种相互之间交往的礼节，也越来越引起人们的关注，特别是职场新人，这更是一个头痛的问题，调查显示，40%的新人承认，自己曾遭遇过"称呼"烦恼。

对于究竟该如何称呼同事和上司，很多职场新人都琢磨过。妥帖的称呼，可以为自己赢得不少印象分，为你的职场发展创造一条开阔的道路。称呼得不妥帖，恐怕就后患无穷了。

去年刚刚毕业的赵娜是某公司的一个新入职的小职员。说起职场称呼，她满脸兴奋。"我应聘时就是因为一句称呼转危为安的。"去年应聘时，由于她在考官面前太过紧张，有些发挥失常，就在她从考官眼中看出拒绝的意思而感觉有些心灰意冷之时，一位中年男士走进了办公室和考官耳语了几句。在他离开时，她听到人事主管小声说了句"经理慢走"。那位男士离开时从赵娜身边经过，给了她一个善意鼓励的眼神，赵娜说自己当时也不知道从哪儿来的机灵劲儿，忙起身，毕恭毕敬地对他说了一声："经理您好，您慢走！"她顿时看到了经理眼中那些许的诧异，然后他笑着对赵娜点了点头。等她再坐下时，她从人事主管的眼中看到了笑意……

后来她顺利地得到了这份梦寐以求的工作。人事主管后来告诉她，本来根据她那天的表现，是打算刷掉她的。但就是因为她对经理那句礼貌的称呼，让人事部门觉得她对行政客服工作还是能够胜任的，所以对她的印象有所改观，于是就给了她这份工作。

某咨询顾问有限公司的首席咨询师吕东鸣先生就对此类事情发表过自己的见解，他说，人们一直以为只有在上世纪七八十年代前才更注意这些刻板严谨的称呼，所以职场上对称呼的注重正日益淡漠。尤其是刚出校门的大学生，他们对职场称呼处于摸不着头脑的阶段。刚进单位，两眼一抹黑，全是生人面孔，如何迅速融入到这个团队中？怎样给别人留下好印象？其实都是从一声简单的称呼中开始的。哪怕是甜言蜜语，只要恰到好处不招人烦就是成功。

那么，新人刚到一家自己非常陌生的单位，如何称呼自己的领导和同事呢？

新人报到后，首先应该对自己所在部门的所有同事有一个大致了解。对自己进行自我介绍后，其他同事会一一自我介绍，这个时候，如果职位清楚的人，可以直接称呼他们"张经理""王经理"等，对于其他同事，可以先一律称"老师"，这一方面符合自己刚毕业的学生身份，另一方面，表明自己是初来乍到，很多地方还要向诸位前辈学习。等稍微熟悉之后，再按年龄区分和自己平级的同事，对于比自己大许多的人，可以继续称"老师"，或者跟随其他同事称呼。对于与自己年轻相差不远甚至同龄的同事，如果是关系很好，就可以直呼其名。再有，需要注意的是，在喊人的时候，一定要面带微笑，眼睛直视（但不是死瞪）着对方，表现要有礼貌。

职场专家还介绍，与外企不同，民营企业对职场称呼的阶层区分更明显一些。从老板到部门主管、到办公室主任、再到比自己资历老的各位同事，几乎对每个人都有不同的称呼。

现在的公司多如牛毛，小型公司更是遍地开花。在这样的公司里，对职场称呼要更直白和热情一些。

"十几个人的小团队如果分得一是一、二是二，兵是兵、将是将，是不是反而就没意思了？"在一家小型公司工作的刘向如是说。他说，他周围很多朋友都是在小公司工作的，有的公司里不过才七八个人，根本就没那么多的层级概念。大家统称领导为"头儿"，或者"王哥""李姐"地称呼，同事之间更是以"哥""姐"这样叫的居多，大家的私人关系也都很密切。

但专家提醒，这种亲热的"哥俩好"还是能少则少，不要太过。除非你是和上级"摸爬滚打"混出来的"老人"，或上级主动要求不带职位称呼，否则最好还是把职务放在嘴上。

尤其是需要注意自己和老板之间的关系。如果太过亲热，少不了让人说闲话，而且如果在工作中太过随意和亲热的称呼，容易让工作伙伴觉得你不够成熟。毕竟是在工作环境中，最好不要把私人关系和同事关系混为一谈。

而在外企称呼要"看人下菜碟"。诺基亚的Tom刚一听到"职场称呼"这个概念时就有些茫然，因为在他的工作词典里，职场称呼倒不是占据非常重要的位置。在他的部门里，所有的人都是称呼英文名，大家感觉比较轻松和自在。无论是外方主管还是中方主管，称呼员工时也大多叫其英文名字。而且他感触最深的是，所有的人在打招呼的时候都是微笑着的，这让工作环境分外舒服。他说，外企公司可能较国内企业更注重人性化的工作氛围，尤其是一些知名的大公司更是追求一种和谐的工作环境。而且，尽管大家直呼其英文名，但员工们对老板还都是从心里表示尊重。因为工作能力在那里摆着呢，随和的领导者大家更喜欢。

其实外资企业更注重礼节。叫名字虽然不违反礼节，但同时更需要注意的是，不要以为叫了名字就可以更亲热或做事肆无忌惮，在外企更要注重自己的形象，行为举止都要更有分寸。

在某外资企业工作的John经过细心的体会，对"职场称呼"有着很好的认识。他认为不是所有外资企业的老板或主管都喜欢别人称呼他们的英文名，这更需要"看人下菜碟"。

原来John的公司主管是从英国总部学习归国的，特别强调办公室的人际和谐气氛，大家一律互称英文名。后来，这位经理被调到香港分公司去了，新来的经理是刚从另一家国内知名企业过来的，大家对他不自觉地就称呼"魏总"。大家私下开玩笑说，看着新经理严肃的面孔，就不自觉地把称呼改了。

John说，外企员工也不要总认为自己的上司就喜欢你叫他本名。现在各企业的人事情况都越来越复杂，很多国内知名企业的管理者都会跳槽到一些外企任职，对于他们不要理所当然地沿袭以往的称呼习惯，要先观察一下他们的喜好和性格，然后再决定如何称呼。

当然了，活用称呼的同时，也一定要注意场合和语气，否则容易弄巧成拙。

◎形象点拨

形象定位，首先得决定在形象的多面体中究竟突出哪一面，或者说，如何挑选出那"最具生气"的局部形象？这得考虑自身、竞争对手、目标公众三极的综合平衡。

敲门前想一想选择哪种方式 ◀◀◀

访朋友、串亲戚、见领导、办公务……大约见面前的第一个举动便是敲门了。说到敲门似乎没有什么神秘的，只要举手去敲就是了，还能有什么大的学问？其实不然。会不会敲门，对交际的成败有时具有至关重要的作用。

敲门之所以重要，是因为它本身是在表达一种语言，一种信息。其作用既是发通知，让屋里人知道有人来了；又是一种请求，允许自己进去。这样，人未进，但声音已至。而且，这个声音作为一种信息，带有敲门者的特定的个性特色。不同的敲门声，就把敲门者的性格、作风特点一同传递进去，主人据此决定对敲门者的态度。这就是为什么同是敲门却有不同结果的原因所在。

具体说来，敲门时要注意以下几点：

1.敲门用力要适度

敲门要用手指的关节，以适当的力量敲，声音适度，清晰响亮。敲门不要用巴掌拍，也不要用拳头擂，这样的动作发出的声音震撼力过大，是噪音，会使人产生恐惧感，使人心惊肉跳，十分反感。即使是非常熟悉的人，也忌讳用脚踹门，不但声音大，而且是对主人的蔑视，是极不礼貌的行为，最令人恼火。

2.敲门应把握节奏

敲门一次敲三四下为宜。敲完第一次后，应稍作间歇再敲，不要连续敲个没完。因为，主人听到第一声从屋里出来开门是有距离的，没有十分的急事，不要用力连续敲门。连续敲门，容易造成一种急促感，使人听了过分紧张。

3.敲门要因人因事而异

一般说来，人们对于文明的敲门方式比较欢迎。有时候，人们在家里有事，不喜欢他人打扰，对于敲门者他们是有选择地开门。他们会根据敲门的声音和节奏，决定开不开。如果是有节奏地轻轻地敲，人们是不会拒绝一个很有礼貌的讲文明的人来访的，即使他们有事，也会放下来，马上开门，使你如愿以偿。此外，还要根据具体情况决定敲门的力度和方式，也就是要敲出个性来。敲门能反映一个人的性格、修养，也能反映出彼此的关系。关系密切常来常往的，只要听到敲门声就知道是谁来了。如果你知道主人有事正在思索问题，一般人去是不开门的，但你有事又必须打扰，这时就应用只有你才用的方式敲门，定能达到目的。

4.敲门不开要适可而止

如果敲门几次还没有人开门，就可能有两种情况：一是屋里没人，二是有人不愿开。这时就不要再敲了，即使敲开了人家也没有好脸色，还是知趣地走人为好，当然有急事除外。

总之，敲门也讲究艺术。当你举手要敲门的时候，你最好想一想选择哪种最适合的方式，使得大门洞开处露出的是一张微笑的表示欢迎的脸。

优雅是艺术的产物 ◀◀◀

什么是优雅？

优雅是一种和谐，非常类似于美丽，只不过美丽是上天的恩赐，而优雅是艺术的产物。

优雅的种类太多了——比如举止的优雅，谈吐的优雅，装饰的优雅，还包括生活艺术的所有其他方面。一个真正优雅的女人必须在各个方面都是优雅的。一个女人如果说话像鱼贩子一样，或者走路像鸭子一样，那么最精心设计的服装也会失去效果。

随意是一种精心提炼的品位，它往往等同于优雅。但是我们决不能将随意与单调乏味混为一谈。如果你穿上一件简单的最新款黑色套装，那么可以称为"随意"；如果你穿上鲜红色的衣服，而且是五年前流行的款式，那么你只会被淹没在茫茫人海中，没有人会注意到你。

女人的穿戴如果做到了随意，那么她就会吸引到匆匆路人的不经意一瞥。不过一瞥之后，人们会忍不住马上再看她一眼，而且会注意到她衣着的所有细节形成了完美的和谐；至于单调乏味的女人，人们在一瞥之后，随即就把她们忘掉了。

随意的优雅是穿戴艺术的顶峰，一个女人要达到这个境界，要不就是具有特殊的天赋，要不就是始终生活在优雅的氛围之中，否则她就必须在这方面花更多心思。绝不要以为你付给某位著名的服装设计师一大笔钱，你就可以自动达到这种完美的境界。实际上，你这么做只会适得其反，因为成功的设计师必须追求惊人的效果，因此他们总是创造引人注目的形象以及不同寻常的色彩组合。

生活中真正成功的人士会觉得没有必要再去吸引别人的注意，也许这就是为什么许多非常富有、非常著名的女士在衣着方面变得越来越保守。

如果你的收入不足以聘请设计师为你进行创意，那么你更应该培养一种随意的风格，因为没有什么比一件做工很差而又标新立异的衣服更粗俗的了。

有些服装会毁掉女人的优雅，有些行为习惯也同样如此。哪怕是设计最优雅的服装，有些行为举止也会让它失去原有的效果。

先说说那些会让你举止失当的服装，你应该坚决避免穿这些衣服：

——又长又紧的裙子。当一个脚步不稳的服装模特儿在时装沙龙里跟跟跄跄地走过时，人们都会对此忍俊不禁。那么你也能想到：当你穿上这种裙子，小心翼翼地在客厅里迈着碎步时，朋友们也会窃笑。

——太宽的袖子，这种袖子所过之处，一切都打扫得干干净净。当然太窄的袖子也不行，太窄的袖子会让你没法伸起胳膊梳头，或者摘下帽子。

——太窄的裙子，如果你穿上这种裙子，那么你迈步登上公共汽车时，就得把裙子撩到大腿上。也不要穿那些一走路就向上卷的裙子——好像裙子里有什么诡异的装置似的（原则：买服装时，一定要试试穿上后能不能自由活动，并且能正常坐下）。

如果你想在行动时如同在静止时一样优雅，那么应该把上面列举的所有衣服都坚决地从衣橱中清除出去。

有些难看的动作会在一瞬间毁掉你衣着得体的形象。相信你决不会失态到这种地步，不过……你肯定见到过某位女士做出一些动作，毁掉自己的优雅：

——抓头皮。

——拽腰带。

——抻拉胸衣的带子。

——站立或走路时内八字。

——坐着的时候两腿叉开。

——坐在餐桌边梳头。

——咬手指甲。

——公共场合过分大声地说话。

——用化妆盒里的镜子仔细地检查肤色和牙齿的状况。

——勤奋不懈地琢磨某种不熟悉的、费解的事物，结果把一根手指头伸到嘴里去琢磨了。

所有这些细小的动作会毁掉你在别人心目中的可爱形象。优雅的根本是可爱和得体，而可爱和得体则离不开行为举止的优美合度——这些都是在平时培养形成的习惯。

不过，如果你在行为举止方面走到另一个极端，则同样令人讨厌：

——因为害怕弄皱自己的裙子，所以直挺挺地像根棍子。

——为了不坐在外套上面，因此把外套掀起来，或者任何时候一坐下就把裙子撩起来。

——搔首弄姿地做出过分优美的动作，弄得自己像是巴厘岛上跳舞的土著人。

——没完没了地在镜子前顾影自怜。

——故意设计一些动作，并不断练习，力求完美，如同舞台表演（尽管第一次做这些动作时也许会很迷人）。

如果一个女人的动作完全不自然，那也是非常令人生厌的，这种做作的举止和粗俗的举止一样，最终也会让她失去优雅。

握手能知人情冷暖 ◀◀◀

今天，握手在许多国家已成为一种习以为常的礼节。通常，与人初次见面、熟人久别重逢、告辞或送行均以握手表示自己的善意，这是最常见的一种见面礼、告别礼。有时，在一些特殊场合，如向人表示祝贺、感谢或慰问时；双方交谈中出现了令人满意的共同点时；或双方原先的矛盾出现了某种良好的转机或彻底和解时，习惯上也以握手为礼。

在机关里，小王被安排在办公室搞文字工作。说是搞文字工作，其实小王搞的文字很少，因为办公室有个老主任一直在搞文字，不大能够用上小王。小王首先要做的是各种服务工作，比如扫地、擦桌子、烧开水、接电话等，当然，还有外面来人了就去跑前跑后地服务。

老主任特别爱关心小王，教导他应该什么时候来，应该怎么打扫卫生，应该怎么烧开水……总之，很多的应该应该。每次教导完以后，他就会斜靠在椅子上，满意地抽着烟。老主任还特别喜欢教导他怎样接待外面来的客人，特别是上级来的领导，尤其是应该怎样握手都翻来覆去地叮嘱。可他总是做得不好，老主任也很失望，就说"什么大学生，连握手都学不会"。小王也真的很笨，和领导握手，有时候手伸出的时间不对，有时候脸上的表情不对，有时候腰弓的角度不够……老主任经常为这事训他，训完以后还不忘开导他说"这都是为了你好"！

握手，作为交际的一个重要部分，从塑造自身形象的角度而言，是我们必须注重的细节。

美国著名盲聋女作家海伦·凯勒曾写道：我接触的手有些能拒人千里之外，也有些人的手充满阳光，你会感到很温暖……事实也确实如此，因为握手是一种语言，是一种无声的动作语言。

我们还常说"握手能知人情冷暖"，握手能传递重要信息。握手的力量、姿势与时间的长短往往能够表达出握手对对方的不同礼遇与态度，显露自己的个性，给人留下不同印象，也可通过握手了解对方的个性，从而赢得交际的主动。那些握手时目光和他人直接接触、手掌干燥、坚定有力的人，不仅能让他人对你感觉良好，还将取得对你的初步信任。

以往总认为女士和男士握手，蜻蜓点水似的握法体现的是女性的矜持，其实这是一个大忌，握手对双方的接触来说虽然只有几秒，却很清晰地传递出你是否理解了商业礼仪背后的含义，即相互尊重。

握手时，假如你距离受礼者约一步，上身稍向前倾，两足立正，伸出右手，四指并拢，拇指张开，向受礼者握手，掌心向下握住对方的手，显示着一个人强烈的支配欲，无声地告诉别人，他此时处于高人一等的地位，应尽量避免这种傲慢无礼的握手方式。相反，掌心向里同他人的握手方式显示出谦卑与毕恭毕敬，如果伸出双手去捧接，则更是谦恭备至了。平等而自然的握手姿态是两手的手掌都处于垂直状态，这是一种最普通也最稳妥的握手方式。

握手时应伸出右手，不能伸出左手与人相握。西方习俗认为人的左手是脏的。戴着手套握手是失礼行为。男士在握手前先脱下手套，摘下帽子。女士可以例外（但要根据你的身份和对方的身份决定）。当然在严寒的室外有时可以不脱。比如双方都戴着手套、帽子，这时一般也应先说声："对不起。"握手者双目注视对方，微笑、问候、致意，不要看第三者或显得心不在焉。

除了关系亲近的人可以长久地把手握在一起外，一般都是握一下即可。不可太用力，但漫不经心地用手指尖去点一下也是无礼的。握手时间应当长短适宜，一般以三五秒钟为好。如果要表示自己的真诚和热烈，也可较长时间握手，并上下摇晃几下。

长辈与晚辈之间，长辈伸手后，晚辈才能伸手相握，上下级之间，上级伸手后，下级才能接握；主人与客人之间，主人宜主动伸手；男女之间，女方伸手后，男方才能伸手相握；当然，如果男方为长者，则遵照前面所说的方法。

交际时如果人数较多，可只握邻近几个人的手，向其他人点头示意，或微微鞠躬。为了避免尴尬场面发生，在主动和人握手之前，应想一想自己是否受对方欢迎，如果已察觉对方无握手之意，也可点头致意或微鞠躬，以免失礼。

一上台就脚软，动不动就脸红 ◀◀◀

你是否曾有过这种恐怖经验呢？在会议室举行的每月汇报上，你正战战兢兢做报告，忽然像是有人按错键，你的心跳猛地加速，紧接着，你开始不断念错数字，脸颊羞得比苹果还红。"上台恐惧症"是很多人的致命伤，无论是向客户推销产品，或向上司呈交报告，这个毛病一旦发作，你的专业形象立刻一落千丈。

"你在办公室中的威信，五成来自别人如何看你。"美国形象顾问法兰克说，也就是让人以为你能力不凡，与你实际拥有能力一样重要。

任何有损形象的行为，如一上台就脚软，动不动就脸红，一受挫就哭倒万里长城，或说话像发育不良的小女孩，铁定让你原地踏步。所以，如果你想往上爬，你就得快快抛开小女生的心态，令上司刮目相看、委以重任。

任何使你显得不够职业化的表面现象，都会让人认为你只适合出入教室，而非办公室。因此，如果你想事业有成，你最好先成熟起来而且要快些成熟起来，否则你就有可能得到幼稚的名声。

刚进公司的琳琳是个娇气的小女生。也许是琳琳长得娇柔，从小又生活在父母的庇护下，就连朋友、同学和她的相处也总是小心翼翼，大家都生怕伤着她似的。所以刚开始在公司实习的时候，琳琳很不习惯公司里紧张又微妙的关系。

有一次，琳琳去向领导汇报工作，领导莫名其妙地说了琳琳几句，琳琳一时没有忍住，眼泪就掉了下来。回到家后，父母看见了琳琳哭红的双眼，为琳琳着急和担心。第二天，父母就依靠关系去公司找琳琳上司"谈心"去了。除了琳琳父母，后来公司的其他领导也郑重其事地了解了一下他们这场风波的大概情况。琳琳和领导也分别被找去谈话，结果可想而知，琳琳和领导的关系变得越来越难处理……

在工作中泪流成河，前途往往也会跟着大江东去，"当你在上司面前因工作泪眼汪汪，那会显得你无法面对压力"。哭泣不但令你显得软弱，自制能力差，公司也会考虑到你在面对客户时的表现，万一你又哭起来，那公司的形象也必然会跟着受损。

所以，如果你想往上爬，你就必须学习控制自己的情绪，处变不惊。一个训练方法是将自己"分裂"为两个人，"当你早上换了套装，准备上班时，想象你同时'换'了一个人，这人专业而冷静，多加练习，自信便能提高"。

林立说："每当上司批评我的表现时，我就会冲入厕所掉泪，断定他一定是不喜欢我，故意刁难我。"后来，一名友人指出她的毛病，"我放太多私人感情在工作上了，所以很情绪化，于是我将工作和私人生活划清界限，不再将工作上的批评视为人身攻击。我现在开心多了，而且因为变得稳重，我在几个月前还升了职。"

当然要在短时间内练成金钟罩并不容易，万一你在会议中眼眶仍忍不住泛红，无须尝试解释、道歉或找借口，这只会欲盖弥彰。最好就是停顿一下，深吸一口气，心中数五下，然后若无其事地继续谈公事。

有的人虽然不至于掉眼泪，但在重要时刻就忽然脸红心跳，情人面前当然很可爱，但是在大客户或大老板面前，那就大事不妙了，它令你看起来"天真无邪"，不堪一击，试问你办事谁会放心呢？

王项说："一次，我为公司争取到一个品牌的代理权，在与市场部开会时，副总裁竟然亲自主持。"原本是一个表现才干的大好机会，王项却紧张得涨红了脸，结结巴巴："当时，我应该将精神集中在公事上，而不是对自己的脸红耿耿于怀，那一切就会很顺利，怎料我却慌慌张张，令人失去信心。"过后，王项的上司就减少了他与高层接触的机会，令他空有才干而不获高层赏识。

所以，如果你觉得自己即将脸红，"不要将它放在心上，不要去想它，集中精神去完成手边的工作。"法兰克说，不然你的前途就会完蛋。

当你表现出怯场，就是在告诉老板，你缺乏最基本的职业技巧。

"摆脱怯场的关键是要意识到怯场只不过是多余的能量没处用——像早已经开了水的壶一样。"语音训练教师王刚说："你需要想法子重新支配过剩的精力，建议你在公开发言之前做些体育活动，比如散散步、跳跳绳。"

专家认为，充分的准备是降低紧张情绪的有效措施。在做重要的会议发言前应该做什么呢？临阵磨枪，把你要讲的关键问题列出来。"在正式发言前做彩排应该是习惯成自然的事，但是你会吃惊地发现，有多少次这一必要的步骤被忽略了。"

多给自己五分钟 ◀◀◀

　　塑造自己的形象，现代人离不开时间观念。特别是我们正朝着国际舞台大步迈进时，此时此刻更要学习外国人守时的好习惯，因为文明愈进步的国家愈珍惜生命，也愈强调守时的重要。

　　赵娜才26岁，却已是一家大公司的中层主管。每每谈判或是会议，她总会提前五分钟到场。站在门口，稍微定神，略整仪容，再准时步入会场。会上，她口吐莲花，举止优雅，吸引着所有人的目光。

　　赵娜的翩翩风度让新进来的小白领们羡慕不已。私下里问她如何才能从"丑小鸭"变成"白天鹅"。她问她们："你们注意到我每次在重要场合都会提前五分钟到场吗？"小姑娘们你看看我，我看看你，纷纷摇头。她轻轻一笑，讲述了一个她自己的不为人知的故事。

　　五年前，赵娜大学毕业，抱着简历四处应聘。虽是青涩稚嫩的小丫头，却颇得上天眷顾。凭着出众的相貌，出色的才能，她得到了一家外资公司的垂青。笔试、第一轮面试、第二轮面试……她一路过关斩将，最终获得老总亲自面试的机会。

　　面试那天，她精心准备。穿上新买的套裙，化上清雅的淡妆，还特地设想了几个问题，一一写下答案，在公车上背了又背。

　　说好是九点准时开始面试。由于路上堵车，她九点过五分才到达目的地。一到站，她迫不及待地跳下车，奔进写字楼，冲上电梯，想也没想就闯进老总的办公室。老总被她吓了一跳，眉头一

◎形象点拨

正如把无声的时间用有声的闹铃来表示，是用引人注目的符号来引导公众对形象主体留下印象，做出反应。因而，从形象定位看包装，包装符号要同时起到两个作用：传递自身位置的信息与唤起目标公众的反应。

皱，但不动声色，依旧彬彬有礼地接待她。老总提问，让她回答。她刚跑了路，还没恢复过来，说起话来上气不接下气，而且又有些紧张，准备的东西忘得一干二净，只能凭印象支吾几句。站在老总面前的赵娜，低着头，像个做错了事的孩子。老总等她说完最后一个字，告诉她："面试到此结束，请你回去等通知。"语气平淡，语调平和，没有任何的暗示。她还在暗暗猜度：怎么只面试了我一个问题？等她在电梯间的镜子里看到自己散乱的头发、松开的裙带时，方才顿悟，其实她已失去了这个机会。

不久后，赵娜再次获得了一家公司的面试机会。吸取上次的教训，她在精心准备之外，更注重细节。她提前五分钟站到面试室外，将要说的话快速温习了一遍，又整整装束，从容走进试场。这一次，她理所当然地成功了。

从那以后，凡是有公开活动，她都会提前五分钟到场。做做深呼吸，使自己镇定下来；想想该说什么，该做什么，让一切都有条不紊；最后整理仪表，再走进大家的视线，将自己最从容最美丽的一面展示在公众面前。

五分钟，就这五分钟，让她看上去是如此的成熟。

然而，现实中又有多少人知道这五分钟的价值？不但不提前，还将迟到变成家常便饭。

有一个调查结果，竟然有四成被调查者参加公务活动时曾经迟到过。这可是一个不小的比例。

我们会有很多理由解释迟到的原因：堵车、出现意外情况……70%的调查对象也表示：可以容忍对方迟到，毕竟谁都会遇到这些问题。但无论怎样，迟到了必然会影响你在他人心目中的印象。如果去其他公司拜访，却迟于约好的时间到达，是很不应该的。特别是去参加重要的商务会谈，迟到行为肯定会让对方心情不悦，甚至会在一定程度上影响商务谈判的最终效果。

但万一迟到了，我们也不能太过分。调查显示，大多数人只能容忍别人迟到十分钟，容忍别人迟到20分钟的人只占10%，而没有人能宽容别人迟到超过半小时。所以我们赴约前要计算好路上耗费的时间，打出富余，提前出发才是妥当的。

应向文中的那个26岁的赵娜学学，比约会时间提前几分钟到达是最好的，这样可以在见面前去卫生间整理一下路上弄乱的衣冠和妆容，或者熟悉一下环境，稳定一下情绪，还可以在头脑中复习一下要谈的主要内容，以良好的状态迎接即将见面的客人。如果是初次见面的公务约会，这样做一定能为你的形象加分。

符合所在单位的着装要求 ◄◄◄

穿什么样的衣服是让别人认真对待你的一种方法。穿着与众不同，一定要和你所从事的工作和所在的单位相协调。如何选择正确的职业服装，怎么理解这个"正确"呢？不同的公司与公司之间，正确的职业服装标准是不一样的，要根据该公司经营的种类、产品或服务的性质、公司位置、公司历史与传统等来确定。

以往，我们对正确的职业服装的概念来自以男性占主导的中上层职业——银行家、律师、医生和军官，有时也包括商人。而现在，一种源于工业革命后维多利亚时期的男性服装，经过女性化修改，已作为职业服装被广为接受，到处可见。这种传统的职业服装代表着一种正式而保守的形象，男女皆宜，而女式服装比男式服装更能得到自由体现。它包括：

1.深蓝色或深灰色的西装配白色或浅色内衣；

2.小碎花衬衣、领带，或女式衬衣、围巾；

3.衣料和质地不要太多变化；

4.深色鞋袜；

5.精心选择的首饰；

6.浅妆但线条清楚；

7.宁取传统不取流行。

有些单位却不鼓励这种被人接受了的传统城市化着装，认为对其产品或服务太过正式，而希望其职员穿着更随意一点。什么样的服装被人接受，唯一的方法便是直接问这样一个问题："这儿有什么着装规定吗？"或者自己观察一下，当回侦探。

有一个屡试不爽的方法，即站在电梯或什么出口处，比较一下进出人们的衣着形象，这比任何参考书都管用。如果一个单位的形象与其职员的穿着并无许多联系，那么就不存在明显的着装规定。这样的话，问题就简单了，你只需要判断一下自己是否达到了这样的一个要求：

1.如果你是高级职员，那就穿得体面些。职位越高，穿着始终与众不同就越显重要。

2.如果你是一般职员，那么不要穿那些不适于工作的业余服装。你的上司不会认为没有付给你足够的工资，他们只会认为你没有购置合适的服装，由此得出你没有足够认真地对待自己的工作的结论。

3.如果你为自己工作，那也不要胡乱穿衣。穿质量过得去的衣服，让自己具有成功者的形象。

真诚与否在你的目光中 ◀◀◀

严林是某公司策划部经理，被邀请参加一个世界著名公司的社交礼仪培训。严林打算在了解公司讲师的基本情况后再决定自己是否参加这次培训。

他坐在前排，看着那些结业的人用被强化训练出来的积极热情的语言兴奋地表达自己的体会，那位讲师的脸上始终挂着一个定格的笑容，但是严林总觉得有什么使他感到很困惑，他无法捉摸那笑容的背后到底是真诚还是客套，他无法相信那张脸的诚意，更无法被那个标准的肌肉造型的笑容感染。考察结束时，严林走向那位讲师作自我介绍，在他们握手的一刹那，严林与他的眼睛直视，严林这才明白：原来困扰我的是他那双眼睛。

严林形容那双眼睛："看起来阴冷、高深莫测、虚实不定。那双眼睛对我并没有兴趣，它只是漠然地在我身上扫了一遍。那双眼睛与他的笑脸是那么的不和谐，那双眼睛里没有一丝笑意和温暖。我的困惑终于解除了，原来他的笑是强化培训出来的职业笑容。他的心中并没有笑容，这些全都通过眼睛表现出来了。眼睛是心灵的窗口，一个只有脸上微笑、没有心灵微笑的人能是一个优秀的人际关系讲师吗？他不可能告诉我他自己都不懂得的事情。"严林最终放弃了参加这次培训。

心理学研究告诉我们，目光与谈话之间有一种同步效应。人内心的隐秘，胸中的奔突，总是自觉不自觉地在变幻的眼神中流露出来。所以，人们可借助目光表达丰富的感情，增强讲话的效果。

眼神是诚恳的必然结果，讲话者的真诚与否正是通过眼神传达给别人的。

真诚、支持、友爱的目光可以跨越任何障碍把我们的关系拉得很近。做过大学教师的理查德在教课的经历中深深地体会到："一个在台上的人需要听众的支持，只有我们目不转睛的眼光能够表达我们真切的心意，而一双在台下聚精会神的眼睛又让我们对它的主人格外亲切。"

希腊神话里有这样一个故事：若被怪物三姐妹中的美杜莎看上一眼，立刻就会变成石头——说白了，这是将眼睛的威力神化了。

从医学上来看，眼睛在人的五种感觉器官中是最敏锐的，大概占感觉领域的70%以上，因此，被称为"五官之王"。

人的个性是一成不变的，无论其修养功夫如何深远。俗语说：江山易改，本性难移，看人的个性还是简单的，而情的表现则不然。情所表现最显著、最难掩的部分，不是语言，不是动作，也不是态度，而是眼睛，言语、动作、态度都可以用假装来掩盖，而眼睛是无法假装的。

眼神沉静，便可明白他对你着急的问题早已成竹在胸，稳操胜券。只要向他请示办法，表示焦虑，如果他不肯明说，这是因为事关机密，就别再多问，只静待他的发落便是。

眼神散乱，便可明白他也是毫无办法，着急是无用的，向他请示，也是无用的。你得平心静气，另想应付办法，不必再多问，这只会增加他六神无主的程度，这时是你显示本能的机会。

眼神横射，仿佛有刺，便可明白他异常冷淡，如有请求，暂且不必向他陈述，应该从速借机退出，即使多逗留一会儿也是不适合的，退而研究他对你冷淡的原因，再谋求恢复感情的途径。

眼神阴沉，应该明白这是凶狠的信号，你与他交涉，须得小心一点。他那一只毒辣的手，正放在他的背后伺机而出。如果你不是早有准备想和他见个高低，那么最好从速鸣金收兵。

眼神流动异于平时，便可明白他是胸怀诡计，想给你苦头尝尝。这时应步步为营，不要轻近，前后左右都可能是他安排的陷阱，一失足便跌翻在他的手里。不要过分相信他的甜言蜜语，这是钩上的饵，是毒物外的糖衣，要格外小心。

眼神呆滞，唇皮泛白，便可明白他对于当前的问题惶恐万状，尽管口中说不要紧，他虽未绝望，也的确还在想办法，但却一点也想不出所以然来。你不必再多问，应该退去考虑应付办法，如果你已有办法，应该向他提出，并表示有几成把握。

眼神似在发火，便可明白他此刻是怒火中烧，怨气极盛，如果不打算与他决裂，应该表示可以妥协，速谋转机。否则，再逼近一步，势必引起正面的剧烈冲突了。

眼神恬静，面有笑意，便可明白他对于某事非常满意。你要讨他的欢喜，不妨多说几句恭维话，如有所求，这也是个好机会，相信一定有比平时更容易满足的希望。

眼神四射，神不守舍，便可明白他对你的话已经感到厌倦，多说无益，你不如赶紧告一段落，或乘机告退，或者寻找新话题，谈谈他所愿听的事。

眼神凝定，便可明白他认为你的话有一听的必要，应该照你预定的计划婉转陈述，只要你的见解不差，你的办法可行，他必然是乐于接受的。

眼神下垂，连头都向下倾了，便可明白他是心有重忧，万分苦恼。你不要向他说得意事，那反而会加重他的苦痛，你也不要向他说苦痛事，因为同病相怜越发难忍，你只能说些安慰的话，并且从速告退，多说也是无趣。

眼神上扬，便可明白他是不屑听你的话，无论你的理由如何充分，你的说法如何巧妙，还是不会有高明的结果，不如戛然而止，退而求接近之道。

总之，眼神有散有聚，有动有静，有流有凝，有阴沉，有呆滞，有下垂，有上扬，仔细参悟之后，必可发现人性毕露。

精神饱满是你的金字招牌 ◀◀◀

精神状态是如何影响别人的，不是任何人都清楚，但是我们都知道没有人愿意跟一个整天提不起精神的人打交道，没有哪一个老板愿意提拔一个精神萎靡不振、牢骚满腹的员工。

精神状态是可以互相感染的，如果你以最佳的精神状态出现在办公室，工作有效率而且有成就，那么你的同事一定会因此受到鼓舞，你的热情会像野火般蔓延开来。

吉成是一家干洗公司的经理，这家店是14家连锁店中的一个，生意相当兴隆，而且员工都热情高涨，对他们自己的工作表示骄傲，都感觉生活是美好的……

但是吉成来此之前不是这样的，那时，员工们已经厌倦了这里的工作，他们中有的已打算辞职，可是吉成却用自己昂扬的精神状态感染了他们，让他们重新快乐地工作起来。

吉成每天第一个到达公司，微笑着向陆续到来的员工打招呼，把自己的工作一一排列在日程上，他创立了与顾客联谊的员工讨论会，整个公司变得积极上进，业绩稳步上升，他的精神改变了周围的一切，老板因此决定把他的工作方式向其他连锁店推广。

良好的精神状态是你责任心和上进心的外在表现，这正是老板期望看到的。

所以就算工作不尽如人意，也不要愁眉不展，无所事事，要学会掌控自己的情绪，让一切变得积极起来。

熟悉比尔·盖茨的人都知道，他这个人在行动上总是充满了激情。正是在他充满激情的行动带领下，微软公司才从小到大、由弱到强，成为了计算机领域里的"霸主"。

无疑，比尔·盖茨本人这种工作狂热精神本身就是一种无形的鞭策，感染了全体微软员工，尤其是那些软件程序设计师。"你在这样的公司工作，成天看到你身边的人，尤其是公司老板，都在努力工作，你自己难道还好意思慢吞吞地磨蹭？"一位来自卡耐基·梅农大学临时打工的大学生这样对人说。

小陈是人们羡慕的SOHO一族，每天不用到单位上班，只在自己家里利用网络与电脑就能进行工作赚钱了。想当初就是因为看到在单位里忙得焦头烂额，小陈才选择了在自己家里上班。刚开始在家上班的一段时间里，小陈感到自己非常幸福，认为不但可以自由自在，而且不用再看老板的脸色行事了。

但最近，小陈明显感到自己已经失去了曾经拥有的欢乐，每天只是机械地敲击键盘和面对闪烁的显示屏，曾经有过的新鲜感和惬意感也渐渐失去，取而代之的却是焦躁、痛苦甚至怨恨的情绪，时时刻刻总感觉自己分不清是活在虚拟世界里还是在现实生活中。为什么小陈会出现这种生物钟紊乱、情绪烦躁等现象呢？

其实小陈出现这样的症状，主要与在家上班的生活状态有很大关系。尽管她上班时间很自由，不过每天在家里面对毫无变化的狭小世界，机械重复地做同一件事情，她的心理上就易产生枯燥、压抑和紧张的情绪。而且平时与外界缺乏接触，特别是缺乏与他人面对面的沟通、交流，孤独和痛苦之类的感觉就会时时出现，时间长了就自然会烦躁不安。

别瞎忙了，别为了"工作"而"工作"了，朋友！多出去走动走动吧！照一照镜子，看一看你那无精打采的样子，你是不是有点心痛？精神饱满的形象是一个人的金字招牌，年纪轻轻的怎么一点激情都没了！不要说加班加得太累了，这绝对不是你总提不起精神的借口。多出去走走，去感受一下时代的脉搏，找回你的激情吧！

根据哈德菲尔德及得里赫的观点，如果做一件事情时（特别是不需要出力气时），很容易感到累，那么，请注意，我们或许应该调整调整我们的状态了，不然将浪费掉许多时间。如何培养一个良好的精神状态，微笑面对我们日常生活中的学习和工作呢？

以下是几个比较容易做到的建议。

1.睡眠充足

许多人都很讨厌熬夜，似乎给人一种感觉就是"一夜不睡，十夜不醒"，但是有时候又无法回避熬夜工作。怎么办呢？如果熬夜工作，第二天一定要睡到自然醒来，这样才会对接下来的工作不造成影响。在这里，还要提醒一点，"睡眠充足"的时间仅仅指夜晚时间，大概范围是第一天晚上11点至第二天早上7点。不提倡人们把晚上没有睡够的觉放在午餐后补偿，一般地，午后休息很正常，但是时间不要超过30分钟。午睡时间如果超过一小时，我们整个下午都将昏昏沉沉——据有关资料说，这是由于长时间睡觉导致大脑中毒的结果——这当然不会夺去我们的性命，但是绝对会影响接下来的工作效率。

2.进食定时定量定质

现代社会的人们越来越注意营养的摄入。我们一定要搞清楚这个概念：吃饭是为了什么？如果有人仍然认为，吃饭是为习惯而吃、为饿而吃或者为其他的理由而吃的话，那么，他就进入了一个误区。我们之所以吃饭，是因为我们的身体需要进食，并通过食物来获得生命运动的能量，简单地说，我们需要营养。所以，我们不仅要吃饭，而且食物的选择要尽量符合营养规范，不要为"饿"而吃，而是要为"营养"而吃。当然，去赴宴或者参加其他的社交场合的吃喝就另当别论了。俗话不是说"人是铁、饭是钢"吗？身体是本钱，身体都垮了，还谈什么学习和工作呢？

3.经常阅读励志类书籍或听鼓舞人心的演讲

我们会发现，为什么那些处在销售一线——特别是从事商业推销、保险业务、直销业务的人们经常看书或者听演讲？因为他们需要获得精神力量！如果没有巨大的精神力量的支持，他们将很难完成他们的工作计划和事业目标。事实也是如此，我们不论做什么事情都需要付出一定的代价，这个代价包括你的名誉、时间和精力等，但是能够影响到你的效率的可能就是你的精力。所以，我们有必要通过一些可行的措施来帮助我们展现积极高昂的战斗状态，从而迎接新的挑战。励志类书籍和鼓舞人心的演讲将是帮助我们达到良好精神状态的有力工具，你不妨试一试。

4.先计划再行动

很多人在学习和工作的过程中会遭受到无计划的困惑，结果常常是原地打转。由于看不到进步，他们将信心大减，从而影响精神状态。所以，拟定一个有效而可行的计划来指导行动将会使我们轻松很多——在行动中什么也不用想，只需要完成计划，就可以实现目标。这个"无想法"的过程将使我们效率大增，而我们期待结果出现的激动心情将使工作进展更为迅速。

5.适时休息

我们来想一下，如果人们整天工作而没有休息或娱乐，那么结果会是什么样子呢？一句谚语说得非常贴切："只工作不玩耍，聪明的孩子也变傻。"

是的，人人都有自己的生理规律，迎合它便事半功倍，否则便事倍功半。我们可以用我们最好的精神状态来做最重要的事，而精神不好时则可以休息或者做不重要的事情。

人不是机器——即使是机器也有停下来换机油的时候。那么作为一个高效工作的人，一定要学会休息——有些时候，来杯咖啡或者在窗前伸个懒腰，就足够让我们再次精神抖擞。有些事情是"欲速则不达"，"急火攻心"只能带来灾难。在生活中，有很多这样的例子：某些人为了完成一个项目，日夜操劳，"鞠躬尽瘁"，最后真的是一病不起。万事都有规律，因此，高效工作者一定要保持适时休息的习惯，这样，或许会更加促进你的工作，而不是耽搁它的进程。

以最佳的精神状态工作，不但可以提升你的工作业绩，而且还可以给你带来意想不到的成果。

永远以最佳的精神状态工作。每天精神饱满地去迎接工作的挑战，时时思考如何才能达成自己的目标。让热情的行动充实你的每一天，让自己的工作变得有价值。在逝去的每一小时中，都要活力四射。你的内心同时也会变化，变得越发有信心，别人也会越发认识到你的价值。

将职业人士与糊涂虫区别开来 ◀◀◀

王方和张圆原本都在一家国有大企业工作，这家公司实力雄厚，待遇当然也不菲，是才子们施展拳脚的好舞台。他们两人的学历和能力都不相上下，关系也不错……

工作一年多后公司改组，同时决定要精简人马，上司曾暗示他们：两人中有一人要离开公司，另谋生路。

两人都知道自己的去留要看自己最后这一段时间的表现。他们工作上都变得比以前更卖力了，上班不会迟到半分钟。忙完本职工作还要再继续表现，帮帮这个，又帮帮那个，洒洒水，拖拖地……

为了有更多的专业知识，两人都在不断地学习，网络当然是获取知识最便捷的途径……

一个月后，结果出来，王方走了，张圆留了下来……

事后张圆问他的直属上司："我为什么比王方幸运？他的为人和工作能力也都不错呀？"

"说实在的，你们俩中间选一个，我还真是有些为难，都是不错的孩子。"上司叹了口气继续说，"后来，我从细小处发现，你有些地方比小王做得好。我有好几次在下班后去办公室，发现小王的电脑老开着，而人又不在，桌上的物品也显得乱七八糟。而你不在的时候，电脑是关好的……"

细小的事情，自然有无穷的意义，代表的是一个人的素质，我们在工作中有没有"不拘小节"的时候呢？我们要是能在细枝末节的事情上做得更好，那么我们就比别人要高一筹，这也许意味着我们会比别人多一份竞争力。

一般情况下，你会有一张属于自己的办公桌或工作台，而对这一块地方收拾得好坏，会提高或降低你的专业形象。如果你必须与人合用一个工作台，那就要小心不要侵犯了别人的空间。同时反过来，对属于你个人的空间和通道，也应立场坚定。

1.经常处理你的"管家本"。每天或每周留出时间处理你的每日约会计划、金额较大的订单、出差记录、考察报告、销售情况

◎形象点拨

要建立个人品牌，你必须有异于别人的新鲜思想，仍然是大家熟知的领域，这个领域不会因你的思想发生翻天覆地的变化，但你至少从一个方面说明了一个问题，而且这个角度竟然让人吃惊！

表等。

2.留出点时间思考你当前的工作量和未来的计划。如果你感到时间总是不够用，要做到这点比较困难，但最好还是挤出点时间来。

3.在桌上放一个日记本，将要做的工作和所有来电、来访者登记下来，写上日期。在每件已经完成的工作项目前，用一支不同颜色的笔打个钩。

4.准备一个手提包，装上你的文件和一天必需的所有东西。如果早上时间比较紧张，就在前一天晚上准备妥当。

5.保持办公桌面清洁，这不是你自己家里，桌上摆着可乐罐、毛茸茸的动物玩具和你的幸运吉祥物看起来都显得乱糟糟。

6.每天快下班前整理你的桌子。工匠也知道干完活后收拾一下工作台，把工具放整齐，并检查一下第二天要使用的材料。如果你整天与木材、金属或织物在一起，你就会知道锋利、干净并摆放就绪的常用工具，对你干好第二天的工作将有多大的好处。这种整理工作不单是一天工作结束的象征，同时也能带给你一个有良好开端的早晨。

7.对你每天都要用到的文件，将其中不含机密内容的放到一个文件袋里，摆在桌上，这比将文件摞成一堆摇摇欲坠要强得多。

8.如果你经常离开办公室，安装一个录音电话，并告诉某个人你在哪里以及紧急事务的联络方法。

9.对打给你同事的电话，要确信他们愿意接受才传达口信。将电话记下来，写上来电人姓名、时间和口信内容。回答时不要自作主张，"张三去酒吧啦"或"他去跑马场啦"或"她脚扭了"，要说："对不起，张三现在不在。我会把你的口信转告给她的。"不要去判断这个口信有多重要，也不要解释，只要把接到的口信尽快传达给你的同事就行了。除非你确信认识来电话的人，否则不要和对方瞎扯，有时不合时宜的幽默也会使你的声望下降。

安排自己的工作并不意味着生活在束缚之中，它只不过是将职业人士与糊涂虫区别开来的另外一种标准。

第5章

好形象一定是修炼出来的

改变自己首先是改变自己的形象，无论是人还是物品，只有"包装"才能通过最直接的视觉传达来体现其客观的价值，进而提高本身价值。就算你本身再有价值，但是你不懂得恰当得体地包装自己，那么，接触你的人从第一感觉就客观地降低了你的价值。

气质不只靠包装 ◀◀◀

生活中，人们往往只注意外在的漂亮，而忽略了内在气质、性格及整体的统一。现在街头开始流行形象设计。什么是形象设计呢？简单地说，就是对人全方位的包装。

需要提醒大家的是，气质不只靠包装。

一位年轻朋友几日没见，突然长出一撇胡子来，人们不禁纳闷。一问才知道，原来胡子是粘上去的。他解释道："有人总是说我嘴上没毛，办事不牢，说我不老练不成熟，就连姑娘找对象也要找有胡子的。所以，粘上一撇小胡子，以显老成不被小看。"听了这番高论，人们不禁哑然失笑。

如今事事都兴包装，一个人似乎一包装就身价倍增，于是包装之风成为时髦。谢了顶的要戴上假发套，面部有雀斑的要抹上遮盖霜，个子矮的要穿上一双超高跟鞋等，以此掩饰自己的缺陷和不足，其目的无非是为了美。

化化妆，美化修饰一下形象，未尝不可，这些都无可厚非。可是如果在爱美之外再掺上其他动机，比如，过分追求形式，把包装当成伪装，金玉其外，败絮其中，那就不妙了。比如，有位少女为了赶时髦追求洋味，便托人从境外带回一件印有洋文的文化衫。她本人并不懂洋文，穿上舶来品走在街上果然引起了人们的注目，她洋洋自得，感觉良好。不料一日遇上几个大学生，冲她直乐，那乐中分明包含着鄙夷和挑逗，开始她有几分不自在，继而感到恼火，接着破口大骂"臭流氓"！大学生并不善罢甘休，说她不知羞耻反而骂人！接着告诉她，她穿的文化衫上印的字是"请吻我"！这时，她才羞得无地自容，低着头钻出人群一溜烟跑掉了。一路上她骂洋人不是东西，戏弄人！可是她却没有想想自身的问题。

虽说为了美化修饰目的而包装自己无可非议，但是如果假戏做过了头，一旦露馅还会闹出大笑话。比如，有位做小本生意的青年本来就手头拮据，为了摆阔蒙人偏偏要下功夫包装自己：外出时左手提一只高档密码箱（其实里面装的是几件破衣服），右手拿部大哥大，嘴里叼支高级烟，就要这个派。这天，一位客户偏偏有急事要借用他的大哥大打电话，一按之下戳破了西洋镜——原来那是一部从商店里买来的玩具电话，是做样子的。弄假没有成真，把买卖也做砸了，难堪之极，自不待言。

可见做人处世不能太虚。如果虚荣心太强，把包装当成了伪装，自欺欺人，到头来只能吞下自己酿造的苦酒。

说到底，一个人的气质如何，是他思想道德、文化修养、心理素质等多种因素的综合反映，仅靠外在打扮是很难造就的。包装可以增色，但绝不能把无变成有。简而言之，一个人老练与否，又不完全在有没有胡子，关键在他办事的言行和处理问题的方式。如果处事缜密、全面，遇事冷静，多谋善断，必然给人以老练的印象；反过来，即使你长了胡子，处理问题却轻率冲动，同样不能给人以老练的印象。

所以，对于青年人来说，切不可缘木求鱼，把自己的青春年华过多地花费在追求外在形象的包装上，不如来点真格的，把注意力更多地用在加强修养、提高文化素质、创造实绩上，那时，你就自然会流露出迷人的气质和诱人的魅力了。

高雅的风度是畅通无阻的护照 ◀◀◀

风度可看作人在社交活动中所有的言行举止的总和，包括精神状态、待人态度、礼节仪表、言谈举止等。这些因素制约着你在交往对象心目中的形象，也影响着对方以什么样的方式对你作出反应。

在人际交往中，人们常常用"气质很好"这句模棱两可的话来评价对某个人的总体印象，似乎正是这种中性比喻才体现出较高的概括力。然而，一旦要把这个具体的感觉用抽象的概念来解释，就变得难以表达了，大有"只可意会而不可言传"的味道。

如果说气质源于陶冶，那么风度则可以借助于技术因素，或者说有时是可以操作的。风度总是伴随着礼仪，一个有风度的人，必定谙知礼仪的重要，既彬彬有礼又落落大方，顺乎自然，合乎人情——这便是现代人的潇洒风度。

有人说："高雅的风度是通向朋友心灵的畅通无阻的护照。"风度是社交活动中给人印象深刻的内在潜质的综合反映。风度是一个人的姿态举止、言谈、作风等表现出来的美。这种美既是一种外在美，又是一个人内心美的自然流露，也就是内在美和外在美的和谐统一。正如屈原所说："纷吾既有此内美兮，又重之以修能。"

举止风度所展现出来的性格魅力是令人为之折服的，这在很大程度上还与人本身内在的个性化的东西有关。举止魅力产生凝聚力，往往会感染他人。一个有风度有性格魅力的人，就会在团队中激发出一种力量，这种力量将会超越一切，将为优秀的你锦上添花。

知道麦卡夫是谁吗？提起卡麦夫，也许你会问："麦卡夫是谁？"

他就是以太网之父、3Com创始人、一位广受欢迎的专栏作家、一位见多识广的博学者，还是业内著名的会议主办人。这些头衔和成就都集中在他身上。有人评价麦卡夫是一口汇集魅力的大锅炉。他坚忍不拔，举止风度翩翩，具有极强的说服力，也知道如何倾听别人，善于鼓动，却又能避免过多树敌……正是这些才能使他自己发明的以太网最终成为网络标准（如今连接有一亿多台电脑），也使麦卡夫挣到了他的第一个100万美元，办起了3Com公司。可见这口有魅力的"大锅炉"散发出来的影响力是多么巨大。成功人士在举止风度上注重表现自己的魅力，从而彰显其个性特征，这也是他们容易成功的因素之一。

在政界，伟大的邓小平同志在举止风度的表现上也堪称典范。1979年，当时任国务院副总理的邓小平在美国访问时，赢得了美国人的敬仰。一天，在美国得克萨斯州休斯敦的骑术表演场，当邓小平一行到达的时候，人们全体起立，掌声和欢呼声交织在一起。两位女骑士献上乳白色的骑士帽，邓小平接受了这一礼物，立即戴在头上，并同大家一起鼓掌。随后又频频挥动骑士帽，向欢腾的人群致意。

这一代表性的镜头被刻进了历史。后来，美国约翰·霍普金斯大学国际关系高级研究学院中国研究部主任、著名中国问题专家兰普顿教授感慨地说："邓小平是第一位访问美国的中国领导人，他的举止风度、个人魅力，尤其是他的直率，赢得了美国人的信任。当年他去得克萨斯州，戴上了牛仔帽，吃烧烤，'入乡随俗'，给美国人留下了非常好的印象。那一举止从而改变了美国人对中国领导人和中国的传统看法。这是他在外交战略上成功的一个具体体现。"

可见，许多成功人士之所以能够成功，除了努力、奋斗、智能、机遇等重要因素外，还需有自身的性格魅力和独特的个性做基石，他的举止风度所展现的效果会非同寻常。在一个团队中，要想稳坐如山，呼风唤雨，让领导和下属为之钦佩和叹服，你的举止风度尤为重要。

因此，我们既要重视化妆、服饰与姿态的美，更要看重内在的修养，何况外在的仪表本身就渗透着个人内在的修养。要想在社交场合风度翩翩，应从根本做起。

1.洒脱的仪表，周到的礼节

仪表和礼节是人初次见面所要接收的信息，第一次印象就是从这里产生的。一个人相貌端庄，神态潇洒，就能使人产生乐意接近的魅力。这种魅力不仅来自相貌和服装，而且来自人的气质。风度的培养是人内在气质的展现。气质不佳者，难有好的风度。内在气质的优化是靠平时修养、陶冶而成，因而它会不经意地显露出风度。

《世说新语》记载：曹操个子较矮，一次匈奴来使，应由曹操接见，可是曹操怕使者见自己矮而看不起，于是请大臣崔琰冒充自己，曹操则持刀扮成卫士站在崔琰的旁边观察使者。崔琰"眉目疏朗，须长四尺，甚有威重"，接见后，曹操派人去探听使者的反应，使者说："魏王雅望非常，然床头捉刀人，此乃英雄也。"曹操具有高度的政治、军事、文化素养，养成了封建时代的政治家特有的气质，因此他的风度并不因他身材矮小而受到影响，也不因他扮成地位低下的卫士而被掩盖。

周到适宜的礼节，是人的内在品质的流露。得体的礼仪则使得交际可以顺畅地进行，你敬重别人，别人也敬重你。一个良好的开端是成功的一半，如果第一印象好，那么以后就感到情感的距离近多了。

2.饱满的精神状态

一个人神采奕奕，精力充沛，显得自信和富有活力，才能较好地激发对方的交际热情。如果无精打采，有气无力，会使人家感到你并不乐于交际，觉得兴味索然。即使你有交际的诚意，对方也难以理解，因为你言行不一。

3.诚恳的对人态度

对人应当诚恳而坦率。对人不应居高临下或卑躬屈膝，这都是不应该或不必要的。言谈之时也可看出态度之诚恳与否。切忌支支吾吾，言语和表情自相矛盾。比较恰当而中肯的待人态度是端庄而不矜持冷漠，谦逊而不矫饰伪作。

4.适当的表情动作

人的体态和面部表情，是沟通人际关系的非语言交际形式，也是社交风度的具体表现方式。从体态来说，上身倾向于对方，表示兴趣与热情，也显得谦恭有礼；身体后仰，显得坦然随便，但有时会显得过于傲慢；侧转身子，表示嫌恶与蔑视；背朝对方则很不礼貌，意味着不理不睬了。在面部表情上，自自然然微笑，是友好热情的表示；如果肌肉紧绷，面若冰霜，不是心有敌意，就是过分拘谨，因此别人就不易接近了。

在说话语调上，语气应柔和自然，诚恳友善，切忌阴阳怪气，冷嘲热讽，当然也要掌握好谈话时阳刚与阴柔的分寸。朴实大方，温文尔雅的行为，能正确地表达你的愿望，粗俗不雅观的动作使人讨厌，给人留下很不好的印象，也根本谈不上有什么风度。

总之，高雅的言谈举止是社交中必须具备的素质和修养。每个人的风度不可能千篇一律，一个人身上优雅的风度到了另一个人身上就不一定合适，所以每个人都应培养适合自己性格特点的"风度"。正如一位艺术家所言："只有你自己才能识别自己的长处和魅力。它们也许是你的低回浅笑，也许是你的开怀畅谈，也许是你的亲切和蔼。它可能是你对生活乐趣的领悟，也可能是你的沉静安详。不管你那特有的吸引力是什么，它都会因为魅力的技术因素而得到加强。"

彬彬有礼方能魅力四射 ◀◀◀

很多刚毕业的大学生会忽视一些工作中的小细节，如见了陌生人说话就紧张；接电话时喜欢大声说"喂，谁啊"；坐姿不雅观；陪客户去吃商务餐不会用刀叉；吃西餐时把刀和盘弄得"咯咯"作响等，都是极不礼貌的表现。

基本的社交礼仪看似很简单，但在工作中恰是用得最频繁的。如果职场新人在这个过程中表现得不好，轻则被认为个人素质不高，重则影响到单位的形象和业务。因此建议大家都要好好学习，如最基本的在接听电话时应该说"您好，我是某公司的职员，请问……"，而"谢谢""请"等用语也要常挂嘴上。

别林斯基说："美和道德是亲姊妹。"康德说："美是道德的象征"。追求美，会使人精神美好、心地纯洁，情感和信念端正。礼仪形象就是从审美的角度来感染人、吸引人，使人在潜移默化中陶冶性情，净化心灵，从而影响到其思维方式、行为态度和行为方式，达到人格的完美。这是礼仪的魅力之所在。

当你在品味食物时，别人也在品味你！当你与人打交道时，从你入门起，你的举止就开始反映你的形象了，对你出身、修养、品位、性格、爱好等的一言一行、一招一式都在别人的仔细品味之中。

我国民间流传着这样一个故事。

一个人走进饭店要了酒菜，吃罢摸摸口袋发现忘了带钱，便对店老板说："店家，今日忘了带钱，改日送来。"店老板连声"不碍事，不碍事"，并恭敬地把他送出了门。

这个过程被一个无赖看到了，他也向饭店要了酒菜，吃完后也摸了一下口袋，对店老板说："店家，今日忘了带钱，改日送来。"

谁知店老板脸色一变，揪住他，非剥他衣服不可。

无赖不服，说："为什么刚才那人可以赊账，我就不行？"

店家说："人家吃菜，筷子在桌子上找齐，喝酒一盅盅地倒，斯斯文文，吃罢掏出手绢揩嘴，是个有德行的人，岂能赖我几个钱？你呢？筷子往胸前找齐，狼吞虎咽，吃上瘾来，脚踏上条凳，端起酒壶直往嘴里灌，吃罢用袖子揩嘴，分明是个居无定室、食无定餐的无赖之徒，我岂能饶你！"

一席话说得无赖哑口无言，只得留下外衣，狼狈而去。

读到这里，你也许会哑然失笑。笑过之后，你从故事中是不是可以得到这样的启示：

动作姿势是一个人文化修养的外在体现。一个品德端庄、富有涵养的人，其姿势必然优雅。一个趣味低级、缺乏修养的人，是做不出高雅的姿势来的。

在人际交往中，我们必须留意自己的形象，讲究动作与姿势。因为我们的动作姿势，是别人了解我们的一面镜子。我们也可以通过别人的动作、姿势来衡量、了解和理解别人。

礼仪形象是个体形象的外在表现形式之一，礼仪形象的高低往往反映出一个人教养、素质的高低。维系人们正常交往的纽带首先就是礼仪形象。在人际交往中，其外在的形态、容貌、着装、举止等始终是一种信息，在不知不觉中已经传递给了对方，这些信息无疑会或好或坏地影响交际活动的全过程。

这是一个真实但似乎又是老生常谈的故事：

《文汇报》曾经刊登过一篇报道，题目是《一口痰"吐掉"一项合作》。某医疗器械厂与美国客商达成了引进"大输液管"生产线的协议，第二天就要签字了。可是，当该厂厂长陪同外商参观车间的时候，向墙角吐了一口痰，然后用鞋底去蹭。这一幕让外商彻夜难眠，他让翻译给那位厂长送去一封信："恕我直言，一个厂长的卫生习惯可以反映一个工厂的管理素质。况且，我们今后要生产的是用来治病的输液皮管。贵国有句谚语：人命关天！请原谅我的不辞而别……"一项已基本谈成的项目，就这样"吹"了。

举止在心理学上称为"形体语言"，是指人的肢体动作，是一种动态中的美，是风度的具体体现。在某种意义上，绝不亚于口头语言所发挥的作用。

举止礼仪并不是个别人规定出来的，而是被大多数人经过实践并被充分认可的。所以，你如果做不到，就会被大多数人所看不惯，就会认为你对周围人以及交往对象不尊重。

由于大多数人的交往还是"一面之交"，即使是和你的客户。他们没有机会也没有必要对你进行深入了解，完全是按他们的第一感觉，并以第一感觉为基础对你进行评分。这个分数，会直接影响到你们今后的合作以及合作程度。如果你的举止欠妥，纵使你以后有生花的巧嘴，也难以把这种阴影从他们的心中抹掉。所以，必须重视你的举止礼仪。

1.点头

这是一种最常使用的礼貌举止，经常用于与他人打招呼、用点头来打招呼时，点头者应两眼看着对方，面部略带微笑，等对方有表示时再转向他方。点头打招呼也可以在较大的迎送场合使用，当迎送者较多或距离较远时可以用点头表示敬意，也可以点头和招手配合使用。

2.手势

在国际交往中，手势作为一种交流符号，具有十分重要的意义。了解和熟悉某些常见的手势，有助于更准确地相互理解和交流，否则就容易产生误解。例如：

某些中国人爱以食指指点着别人说话，这往往会引起欧美人士的极大反感，在欧美这是不礼貌的责骂人的动作。

"到这边来"的手势用得很多，中国人习惯手臂前伸，手心向下，弯动手指，示意"过来"。而在欧美，这一动作却是招呼动物的表示。他们招呼人时，是将手掌向上伸开，伸屈手指数次。在中国，这一动作又被误解为招呼幼儿或动物。

在大部分中东和远东国家，一个手指表示"性手势"，所以用一个手指召唤人是对人的侮辱。在这些国家以及葡萄牙、西班牙和拉丁美洲国家，用手召唤人的正确姿势是：手心向下，挥动所有手指或挥动手臂。

竖起在拇指表示"好"和"行了"，通行于世界多数国家，而在澳大利亚，这个手势是粗野的。

在希腊和尼日利亚人面前摆手是对他们的极大侮辱，手离对方越近侮辱性就越大。

美国人手指弯曲，手心向前，拇指与食指弯曲合成圆圈，表示"OK"，在拉丁美洲则是低级庸俗的动作。

3.起立

这是一种在较正式场合使用的礼貌举止。在较正式场合里，有长者、尊者到来或离去时，在场者应起立表示敬意。如长者、尊者来访，在场者应起立表示敬意，待来访者落座后，才可坐下；如长者、尊者离去，待他们离开即可落座。

4.鼓掌

这是在社交场合表达赞许或向别人祝贺等感情时的礼貌举止。在正式的社交场合，重要人物出现、精彩的演讲完毕或表演结束，人们可以用鼓掌来表达自己的敬意和赞赏。鼓掌通常应该出声，不出声仅做出鼓掌的样子也可以，但要让别人看见你的动作。

5.拥抱

这是传达亲密感情的礼貌举止。这种礼貌举止，国外特别是欧美国家应用得比较广泛。我国通常用于外事活动中的送往迎来等场合，偶尔地用于久别重逢、误解消除等难以用语言来表达强烈感情的特殊场合，但在同辈异性之间轻易不使用。

当然，礼貌举止不仅仅这些，我们在这里只是介绍了常见的几种。在社交场合，每一个人都应该有意识地、恰当地运用这些礼貌举止，既不要过于谦卑，也不要过于傲慢，要做到举止得当，礼貌周到，充分体现出你的教养和风度。

日常举止是优美仪态的一个重要组成部分，端庄的举止，文明的行为体现在日常生活中的方方面面，社交中也要求人们的举止有一定的约束。以下不受欢迎的坏习惯和不良举止就应在交际中努力戒除：

1.不当使用手机

手机是现代人们生活中不可缺少的通信工具，是方便人们生活的一大技术发明，让我们有时都怀疑以前没有它时是怎么过的。但是关系到个人的专业形象问题时，移动电话却有其不利之处。《现代礼仪》一书的作者德鲁西拉·贝法斯就认为移动电话能"……给人这样一种印象，即使用者毫不顾及身边人，这很失礼"。

因此，如何通过使用这些现代化的通信工具来展示现代文明，是生活中不可忽视的问题。如果事务繁忙，不得不将手机带到社交场合，那么你至少要做到以下几点：

将铃声降低，以免惊动他人。铃响时，找安静、人少的地方接听，并控制自己说话的音量。如果在车里、餐桌上、会议室、电梯中等地方通话，尽量使你的谈话简短，以免干扰别人。

如果你的手机在响起的时候，有人在你旁边，你必须道歉说："对不起，请原谅。"然后走到一个不会影响他人的地方，把话讲完再入座。如果有些场合不方便通话，就告诉来电者说你会打回电话的，不要勉强接听而影响身边的人。

2.随便吐痰

吐痰是最容易直接传播细菌的途径，随地吐痰是非常没有礼貌而且绝对影响环境、影响我们的身体健康的。如果你要吐痰，把痰吐在纸巾里，丢进垃圾箱，或去洗手间吐痰，但不要忘了清理痰迹和洗手。

3.当众嚼口香糖

有些人喜欢嚼口香糖以保持口腔卫生，那么，我们应当注意在别人面前的形象。咀嚼的时候闭上嘴，不能发出声音。并把嚼过的口香糖用纸包起来，扔到垃圾箱。

4.当众挖鼻孔或掏耳朵

有些人，习惯用小指、钥匙、牙签、发夹等当众挖鼻孔或者掏耳朵，这是一个很不好的习惯。尤其是在餐厅或茶馆，别人正在进餐或饮茶，这种不雅的小动作往往令旁观者感到非常恶心。

5.当众挠头皮

有些头皮屑多的人，在社交的场合也忍耐不住头皮屑刺激的瘙痒而搔起头皮来。搔头皮必然使头皮屑随风纷飞，这不仅难看，而且令旁人大感不快。搔头皮这种现象在公共场合尤其在社交场合是

◎形象点拨

一致性是所有出色品牌的共同特点。作为一种品牌，始终如一的做法能为你赢得"信誉"。记住：始终如一的行为比任何花言巧语更能清楚明确地诠释你的品牌。

非常失礼的。特别是在宴会上，或者较为严肃、庄重的场合。

6.在公共场合抖腿

有些人坐着时会有意无意地双腿颤动不停，或者让跷起的腿像钟摆似的来回晃动，而且自我感觉良好，以为无伤大雅。其实这会令人觉得很不舒服。这不是文明的表现，也不是优雅的行为。

7.当众打哈欠

打哈欠在社交场合中给人的印象是：表现出你不耐烦，而不是你疲倦了。因此，如果你控制不住要打哈欠，一定要马上用手盖住你的嘴，跟着说："对不起。"

8.频频看表

在与人交谈时，如果无其他重要约会，最好少看自己的手表。这样的小动作会使对方认为你还有什么重要的事情，就会停止谈话；同时，这种小动作可能引起对方的误会，认为你没有耐心再谈下去。如果确实有事在身的话，不妨婉转地告诉对方改日再谈，并表示歉意。

在忙碌的社会里，常因工作关系使我们与同事或陌生人接触频繁，成千上万与我们交谈过的人，留给我们深刻印象的，恐怕还是少数那些举止有节、礼貌周到的人。他们彬彬有礼的言行举止，无形中在我们心里种下未来工作、业务和私人情谊继续的契机。

这些知礼的人，一部分是自幼受家庭熏陶的；另一部分是进入社会工作后用心学习来的。但社会上大多数人仍依着自己所知有限的礼数来做人处世，常做出失礼的言行而不自知，更不晓得因此而失去了多少工作或升迁的机会。

尽情展示你微笑的魅力 ◀◀◀

人最复杂的是表情，最能打动人的也是表情。它会随着心情、场合的不同而各有不同。如果心情愉快，表情也必然如和煦春风；反之，一个心里哀戚的人，表情中必然含着几分哀伤。

现代传播学认为，表情属于人际交流的"非语言信息传播系统"，并且是其核心组成部分。法国著名作家罗曼·罗兰曾经说道："面部表情是多少世纪培育成功的语言，是比嘴里讲的更复杂千万倍的语言。"美国心理学家艾博特·梅拉比安在多年研究的基础上，得出非语言沟通感情表达公式：

一个信息的传送=7%的语言+38%的语音+55%的表情

由此可见，表情在信息传递中是多么重要！

还有什么能让自己更美丽呢？还有什么能为魅力形象加分呢？

其实你有一项与生俱来的能力，就是可以绽放一个迷人的笑容，向大家尽显你的快乐、自信和感染力。微笑貌似平平淡淡，其实却是恰到好处。它既是一种含蓄，也是一种表达；既是一种单纯，也是一种丰富；既是出于礼貌，更是发自内心。的确，微笑最美。

"笑得怎么样"可以成为美丽的较量，于是有"一笑倾城"者千古流芳之说。

中学时学到一篇文章——《谈笑》，其中讲道：笑是反映内心的一种面部表情，如蒙娜丽莎的微笑。画中女士的微笑给人以美的享受，使人们充满对真善美的渴望，至今仍让人回味无穷。

在国际交往中，如果语言障碍无法交流，微笑则是迅速达到交流的"润滑剂"。微笑即在脸上露出愉快的表情，是善良、友好、赞美的表示。在绝大多数国际交往场合中，微笑都是礼仪的基础。亲切、温馨的微笑能和不同文化背景的人迅速缩小彼此间的心理距离，创造出交流与沟通的良好氛围。

微笑，是一种特殊的语言——"情绪语言"。它可以和有声语言及行动相配合，起"互补"作用，沟通人们的心灵，架起友谊的桥梁，给人以美好的享受。工作、生活中离不开微笑，美丽形象更需要微笑。

在如战场的职业市场中，强手如林，充满激烈竞争，要从中找到自己的一席之地，开发自己的潜能，实现自己的人生价值，是每一个职场新人都不可避免的现实问题。在这个过程中，许多新人往往不能适应形势的发展，观念冲突、心灵困惑、选择矛盾等，要想顺利获得就业机会，不仅需要具备良好的知识、素质、能力，还需要积极的求职心态和充满自信的微笑。

鹃子，毕业于一家有名的师范学院中文系，走上工作岗位已经整整两年了。在看到出没在各大人才市场求职的、那些行色匆匆的求职者后，她就不由得想起了自己的求职和工作经历。鹃子现在的这份工作是她到上海的第三份工作了。回想当时，自己孤身一人、远离家乡到上海求职时的状况，鹃子的心情就无法平静。

当时在上海的一家市报上看到一则招聘广告，正好是鹃子感兴趣并且擅长的广告设计公司，于是鹃子抱着试试看的态度，按照招聘广告上的联系方式，向用人单位发了一个求职电子邮件，然后上网找到用人单位的网站，详细了解了该用人单位的信息。几天之后，鹃子就接到了该广告设计公司人事部经理的电话，要她在第二天下午到广告公司参加集体面试。当人事部经理问鹃子几点可以到达时，鹃子说："下午三点。"鹃子想自己对用人单位所在的地址不是太熟悉，约迟一点时间可能会更充裕一点。

当天晚上，鹃子九点多就上床睡觉了，以便第二天能保持一种充沛的精神风貌。第二天下午一点半午睡起床后，鹃子就把自己的求职简历和相关的各种资料整理好，按自己想象的需要次序放入背包中，然后再去冲凉、穿上整洁干净的衣服，并对着梳妆镜仔细检查了一下自己的仪表，自我感觉还不错之后，就提前一个小时出发了。

到了用人单位所在的办公楼下，鹃子很有礼貌地向保安打听清楚了"人事部"所在的楼层，接着又打开了背包，看了一下所带的求职资料，然后进行了一下深呼吸，稳定一下自己的紧张心情，就腰杆笔挺、自信十足地准时敲开了用人单位的大门……后来，鹃子就成了这家广告公司的一名正式员工。

工作以后的一次偶然机会，鹃子向总经理问道，在那么多参加应聘的求职者中，总经理为什么会选择了她？总经理的回答有些出乎鹃子的意料："你的微笑感染了我，通过微笑，我能看到你有一种其他求职者不具有的自信。"原来是这样的，鹃子起初还以为是自己的名牌大学学历和自认为不错的能力成了求职的绝对资本呢！

鹃子开始工作后，平时上班的时候，她也是一脸的微笑，无论是上司，还是普通员工，她都会向他们投去善意的笑容，很快她就同其他同事打得"火热"了。于是在进入单位不到一个月，鹃子就结束了试用期，又过了一段时间她就被总经理任命为创意主管了。

从上述鹃子的成功案例中，我们不难发现，职业人士要学会对人微笑，经常微笑。微笑不仅能够展示自己的自信，也向用人单位传递了一个积极的态度，善于微笑的求职者获取职业的机会总是比较多的。

微笑是人人都喜爱的体态语，正因为如此，无论是个人和组织，都充分重视微笑及其作用。美国有一个城市被称为"微笑之都"，它就是爱达荷州的波卡特洛市，该市通过一项法令，该法令规定全体市民不得愁眉苦脸或拉长面孔，否则违者将被送到"欢容遣送站"去学习微笑，直到学会微笑为止。该市每年都举办一次"微笑节"，可以想象，"微笑之都"的市民的微笑绝不比"蒙娜丽莎"逊色。

20世纪30年代，世界经济一度处于大萧条状态，全球旅馆业倒闭了80%，希尔顿旅馆也负债50万美元。但这家旅馆的老板没有灰心丧气，他教导员工，无论旅馆的命运如何，在接待旅客时千万不可愁云满面。他说，希尔顿旅馆服务人员脸上的微笑是永远属于旅客的。自此，员工们的微笑服务使旅客对希尔顿旅馆充满了信心，在社会经济普遍不景气的背景下，不仅挺过了萧条，而且一枝独秀。

近年来，日本许多公司的员工都在业余时间参加"笑"的培训，他们认为，这样可以增强企业内部凝聚力，改善对外服务，提高企业效益。为招揽顾客，日本商家，特别是零售业和服务业，新招迭出，其中之一就是让员工笑脸迎客。在今天的日本，数以百计的"微笑学校"应运而生。日本一些公司的员工一般在下班后去学校接受培训，时间为90分钟，连续受训一个星期。据称，经过微笑培训，日本不少公司的销售额"直线上升"。日本许多公司招工时，都把会不会"自然的微笑"作为一个重要条件。

微笑是有规范的，一般要注意四个结合：一是口眼结合。要口到、眼到、神色到，笑眼传神，微笑才能扣人心弦；二是笑与神、情、气质相结合。这里的"神"，就是要笑得由情入神，笑出自己的神情、神色、神态，做到情绪饱满，神采奕奕；"情"就是要笑出感情，笑得亲切、甜美，反映美好的心灵；"气质"就是要笑出谦逊、稳重、大方、得体的良好气质；三是笑与语言相结合。语言和微笑都是传播信息的重要符号，只有注意微笑与美好语言相结合，声情并茂，相得益彰，微笑方能发挥出它应有的特殊功能；四是笑与仪表、举止相结合。以笑助姿、以笑促姿，形成完整、统一、和谐的美。

尽管微笑有其独特的魅力和作用，但若不是发自内心的真诚的微笑，那将是对微笑的亵渎。有礼貌的微笑应是自然坦诚的，是内心真实情感的表露。否则强颜欢笑、假意奉承，那样的"微笑"则可能演变为"皮笑肉不笑""苦笑"。比如，拉起嘴角一端微笑，使人感到虚伪；吸着鼻子冷笑，使人感到阴沉；捂着嘴笑，给人以不自然之感。这些都是失礼之举。

微笑训练的方法如下：

自己对着镜子练习，一方面观察自己笑的表现形式，更要注意进行心理调整，想象对方是自己的兄弟姐妹，是自己多年不见的朋友。还可以在多人中间讲一段话，讲话时自己注意显现出笑容，并请同伴给予评价，帮助矫正。

情绪记忆法，即将自己生活中最高兴的事件中的情绪存在记忆中，当需要微笑时，可以想那些最使你兴奋的事件，脸上就会流露出笑容。注意，练习微笑时，要使双颊肌肉用力向上抬，嘴里念"一"音，用力抬高嘴角两端，注意下唇不要过分用力。

对着镜子，做最使自己满意的表情，到离开镜子时也不要改变它。

当一个人独处时，深呼吸、唱歌或听愉快的歌曲，忘掉自我和一切的烦恼，让心中充满爱意。

三横一竖成王字：一横，即眉眼；二横，即两腮；三横，即嘴唇；一竖，即鼻梁。练习时，将眉眼、两腮、嘴唇放松向两边横着展开，便露出了微笑，经常练习便可自然得体。

取厚纸一张，遮住眼睛下边的部位，对着镜子，心里尽情地回忆过去美好生活的瞬间，使笑肌抬升收缩，嘴巴两端做出微笑的口型。这时，你的双眼就会十分自然地呈现出微笑的表情了。随后，你放松面部肌肉，眼睛也随之恢复原形，但这时的目光中仍然会反射出含情脉脉的神采来。

幽默是一根闪着金光的魔杖 ◀◀◀

具有适当的幽默感，不仅能给你的事业带来极大的好处，而且会使你的工作更有乐趣。幽默可以消除紧张情绪，创造一种轻松愉快的工作气氛，从而使你的事业更为成功。它同样也是塑造成功形象的一个因素。每当面临选择时，绝大多数人都愿意与那些有幽默感的人打交道。

有一位朋友就讲了幽默给她带来好运的经历：

"记得一次应聘一个职位，简历寄去后，对方将抱歉未能录用的E-mail发给了我。可能是由于系统错误，对方发了两封抱歉信给我。我毫不犹豫地回了一封信："既然您对未能录用我如此遗憾，为什么不给我一次面试机会呢？"不知是不是这封信起的作用，后来我得到这个公司另一个更好职位的面试机会。

"在与我的外国经理相处的过程中，我不失时机地幽他一默，总能'化险为夷'，永远是快乐的结局。有一天，经理不小心把可乐打翻在他办公室的地毯上，他激动地告诉我蟑螂部队准保会因此大规模地袭击他的办公室。我想了想，微笑着说：'绝对不会发生这种事，因为中国蟑螂只爱吃中餐。'经理的脸色放晴了，高兴地朗声大笑。

"有一回面试，我穿着牛仔裤就去了。老美考官突然冷不丁地问我：'请问你为什么穿牛仔裤来参加面试呢？'我急中生智，快速答道：'今天不是周五吗？周五不是便装日吗？'记得原来在另一家美国公司工作时，周五总是有一幅漫画贴出来，漫画上的公司职员都穿睡衣，着拖鞋，睡眼惺忪的模样，旁边标注着大写的'Friday'（星期五）。果然不出所料，老美哈哈大笑，我自然顺利地得到了这份工作。"

适度的幽默就像是一根闪着金光的魔杖，轻轻地挥舞着它，让苍白的办公室生活开出五颜六色的花朵来。

女人要优雅，男人要幽默，优雅与幽默是一种恒久的时尚。从一个人优雅的举止里可以看到一种文化教养，让人赏心悦目；从一个人的幽默中可以品味出一种独特的机智，让人开怀大笑。

幽默，可以出奇制胜，化腐朽为神奇，藏丑显美。古希腊著名哲学家柏拉图长得一点都不好看，但他却谈笑风生，说自己的眼睛像金鱼一样凸出，这符合光学上的透视原理；鼻子朝天，有利于呼吸新鲜空气；嘴阔大无比，可以同姑娘高质量地接吻。听了这些有趣的论调，人们不但不会对这位相貌丑陋的大哲学家感到厌恶，反会觉得他长得有个性，丑得恰到好处！

幽默，可以显露一个人谦虚的个性。外国一位著名的女汉学家因非常醉心于钱钟书先生的著名小说《围城》，几次远涉重洋来到北京，哭着喊着想见钱钟书先生一面，但自始至终，钱先生就是不给这位洋女士一个面子，只是让人捎话给她，说如果你觉得鸡蛋好吃，你就只管吃鸡蛋好了，何必一定要去见那只呱呱叫的老母鸡呢？

幽默，是一个人个性、情感、胸襟和才识综合魅力的展示。幽默的形式，或自嘲或讽喻，不一而足。幽默的场所，可以说是无时不有，无处不在。社交场合来点幽默，可以先声夺人，活跃气氛，使自己同生人之间一下子拉近了距离。

有次老舍先生见到了梅兰芳大师，说："咱们两个人你是'君子'，我是'小人'。"一句话使得梅先生及在场的许多文化名人茫然无措。当老舍先生道出"君子动口，小人动手"时，梅先生唱戏是"动口"，自己创作是"动手"，大家顿时忍俊不禁，气氛一下子活跃起来。

幽默的人，魅力无穷。幽默的人，人见人爱。幽默，不是语言上的巧嘴贫舌，而是多姿多趣的心智的折射。

幽默有一种魅力，一个富有幽默感的人，无疑也是一个语言大师。

那么，如何做到幽默风趣呢？

首先，利用玩笑、逸事或妙语产生幽默。一个得体的玩笑、逸事或妙语会使谈话的气氛变得活跃、丰富。

纽约一家大型公共关系机构的撰稿人范·米特说："幽默必须自然地出自讲话者之口。如果一位高级官员在其亲朋好友中都开不成玩笑，那他在公共场合永远也不会以玩笑取胜。"当然，幽默不只是玩笑。事实上，某些最优秀的谈话者根本就不开玩笑，他们通过寓意深刻的逸事、滑稽可笑的故事而使主题增色。

其次，利用修辞产生幽默。比喻、反语等修辞手法本身就含蓄幽默。如公司公关人员告诉公众："广告对商业是有益的，因为它使人们了解到可供选用的产品。"公众可能会对其报以不耐烦的哈欠声，说："唉！那又怎么样？我们知道。"其实，他打个比方可以表达同样的意思："做生意而没有广告，就像你在黑暗中向一个女孩传递秋波，除了你自己，谁也不知道你在做什么。"这位公共关系人员的意思是会被听众理解和接受的。

走姿体现人的风度和韵味 ◀◀◀

在人的一生当中，不知会发生什么事情，有时虽是为人处世的小节，却可以看出一个人的人生态度，甚至由走路的方式也可以决定这个人的未来。

有一家大企业的董事长，在某次偶然的机会中请一位走过身旁的年轻人到自己的公司里担任秘书。因为这位董事长觉得这位年轻人的走路方式很有风度，将来必定大有作为。这位年轻人果然不负其望，持续不断地表现优秀，最后成为这家公司的总经理。

无论你是进入会议室，还是宴会厅，无论是高尔夫球场，还是董事会，你的身体语言就已经悄然地和别人进行交流了。通过你的走路姿势、站姿、坐姿、神态、表情、目光、进门的仪态、告别的姿势等，你已经用无声的、丰富的语言在告诉人们你是谁、你有什么心态，你是领导者还是被领导者，是对生活充满自信的成功者还是消极对待人生的失败者。很多人相信身体语言揭示人的内在世界比语言表达得更真实、更可信。也许你还没意识到你的每一个动作会有这么大的影响，但是不要忘了，每个观察你的人都是业余心理学家，他们会每时每刻分析你的每一个动作，正如我们每时每刻都在分析别人一样。

在美国，有一种新的机器，这个机器可以判断前面十公里走来的是男还是女，它主要是靠测量臀部的摇摆来判断的，因此闹出不少笑话，有的女性被判断是男的，因为她虽然拥有女性的外表，走路的方式却似男子。

无论是谁，都有特殊的走路方式。平常我们就算在距离很远的地方，看到老朋友或是家人，就能认出是他们，因为我们已熟悉他们走路的方式。

在日常生活中，从走路时的步法和步幅，可以看出一个人走路时的特征。当然，走路的姿势也随着心情的变化而变化，在心情愉快时，脚步也跟着轻快。反之，在悲伤的时候，走路就会步履沉重。一般说来，张开步伐较大者，自我表现的欲望比较大，喜欢将自我存在的意识让对方接受。

脚步很快而手臂大摇大摆的人是积极的，被人认为是目标志向型的。而不管天冷或天热，总是将手插于口袋中，不时地低头、拖着脚走路，好像是有东西掉到地上似的，这种人是喜欢找他人的碴儿，喜欢陷他人于困境之中，也喜欢将他人的秘密讦发。

将手叉着腰，重心向前，而步伐很快，眼睛好像在寻找东西，一般说来这种走路的方式大多是表示此人目光短浅，只看到眼前的利益。

喜欢踢着地板走路，有时好像受到挫折般怒气冲冲，有时心灰意懒，经常不能保持心理的平静。在职业训练的团体中，有10%是属于这种走路的方式。像如此没有干劲的人，会让指导者无心训练，最后有百分之十的人损失的还是自己。

也有人将脚步尽量抬高走路，好像在跳舞似的，甚至不管旁边的人如何，也同样边走边跳。走路外八字，或是走路故意交叉一步接一步地走，更有人臀部故意左右大幅摇摆，这种人通常是喜好表现的。

将两手摆在后面，低头俯首，然后慢条斯理地一边走一边想问题，这种走路方式被认为是思考型的人。将下巴抬得高高的，而手臂摆幅很大，脚步很夸张，步伐故意与众不同的人，这是属于自我满足型，喜欢得到别人的尊重。摆动臀部的走路方式，则以女性为多，此时需要注意姿态方面的美观。

正确的走姿，能体现一种动态美，能体现一个人的风度和韵味，更能显示出青春活力的魅力。

所谓理想型的走路方式，是两肩、身体和腰部成一直线，腹部收缩，收下巴，头部稍微向后倾，两手自然摆动，两脚成一直线向前进。

标准的走姿要求是：行如风。即给人以精神饱满、精力充沛、使人愉悦之感。行走时抬头、挺胸、收腹、肩膀往下垂，手轻轻放在两边，轻轻地摆动，步伐也要轻，不能够拖泥带水。

请注意，行走时要防止八字步，低头驼背。不要摇头摆肩膀，双臂大甩手，不要扭腰摆臀，左顾右盼。脚不要擦地。男士步伐应稳健、有力、洒脱，展示阳刚之美；女士步幅则应略小，步伐应轻盈、含蓄、优雅、飘逸，以体现阴柔之秀。

另外，穿平底鞋走路时要脚跟先落地，前行力度要均匀，走起路来显得轻松、大方。由于穿平底鞋不受拘束，往往容易过分随意，步幅时大时小，速度时快时慢，还容易因随意而给人以松懈的印象，应当注意防范。

穿高跟鞋走路时，由于脚跟提高了，身体重心自然前移，为了保持身体平衡，膝关节要绷直，胸部自然要挺起，并且收腹、提臀、直腰，使走姿更显得挺拔，平添几分魅力。此外，穿高跟鞋走路，步幅要小，脚跟先着地，两脚落地时脚跟要落在一条线上，像一片柳叶一样，这就是所谓的"柳叶步"。而且，穿西装走路时，要体现出挺拔、优雅的风度，要注意保持后背平正。

女士穿长裙走路时，行走要平稳，步幅可稍大些。转动时，要注意头和身体协调配合，注意调整头、胸、髋三轴的角度，强调整体造型美；穿短裙时（指裙长在膝盖以上），要表现出轻盈、敏捷、活泼、洒脱的风度。步幅不宜大，脚步的频率可稍快些，保持活泼灵巧的风格。

站出你的自信与风采 ◀◀◀

仪态是指人在行为中的姿势和风度，人们的感情流露和交流往往借助于人体的各种姿态，这就是人们常说的"体态语言"，它作为一种无声的"语言"，在生活中被广泛地运用。通过一个人日常的仪态，可以了解其个人的素质和感情。

此外，一个人的仪态还直接展示着他的气质与风度。而一个人的仪态美，主要是一种外在美，它以高雅的气质、迷人的风度为具体表现形式，既建立在一个人的内在美即心灵美的基础上，又准确地将其表现出来。

站姿是人基本姿势的组成部分。优美而典雅的站姿，是发展人的不同质感动态美的起点，是高雅举止的基础。

站立时，竖看要有直立感，即以鼻子为中线的人体应大体成直线；横看要有开阔感，即肢体及身段应给人舒展的感觉；侧看要有垂直感，即从耳至脚踝骨应大体成直线。男女的站姿亦应形成不同的风格。男士的站姿应刚毅洒脱，挺拔向上；女士应站得庄重大方，秀雅优美。

站立时切忌东倒西歪，耸肩驼背，左摇右晃，两脚间距过大。站立交谈时，身体不要倚门、靠墙、靠柱，双手可随说话的内容做一些手势，但不能太多太大，以免显得粗鲁。在正式场合站立时，不要将手插入裤袋或交叉在胸前，更不能下意识地做小动作，如摆弄衣角、咬手指甲等，这样做不仅显得拘谨，而且给人一种缺乏自信、缺乏经验的感觉。良好的站姿应该有挺、直、高的感觉，真正像松树一样舒展、挺拔、俊秀。

不同场合的站姿也有所区别。

在升国旗、奏国歌、接受奖品、接受接见、致悼词等庄严的仪式场合，应采取严格的标准站姿，而且神情要严肃。

在发表演说、新闻发言、做报告宣传时，为了减少身体对腿的压力，减轻由于较长时间站立引起双腿的疲倦，可以用双手支撑在讲台上，两腿轮流放松。

主持文艺活动、联欢会时，要将双腿并得很拢站立，女士甚至站成"丁"字步，让站立姿势更加优美。站"丁"字步时，上体前倾，腰背挺直，臀微翘，双腿叠合，玉立于众人间，富于女性魅力。

门迎、侍应人员往往站的时间很长，双腿可以平分站立，双腿分开不宜超过肩。双手可以交叉或前握垂放于腹前；也可以背后交叉，右手放到左手的掌心上，但要注意收腹。

礼仪小姐的站立，要比门迎、侍应更趋于艺术化，一般可采取立正的姿势或"丁"字步。如双手端执物品时，上手臂应靠近身体两侧，但不必夹紧，下颌微收，面含微笑，给人以优美亲切的感觉。

"二郎腿"可不是随便跷的 ◀◀◀

有很多男人在坐着的时候会很自然地跷起二郎腿。你可千万别忽视了这个动作，这里面可是大有名堂的。国外的一些有经验的商品推销员告诉心理学家说，当他们进入一家人家要推销商品时，必须先认准谁是这一家之主，然后才能向他进行推销，效果便会很好。那么，如何才能一眼就认出谁是一家之主呢？透视这一点的方法十分简单：只要注意观察这一家人坐着时，谁先架起二郎腿就行了。

举一个最为明显的例子：当一个领导人召见他的下属时，那下属是不大敢放肆地架起二郎腿而坐的，往往采取双脚落地，身子前倾，甚至只坐椅子前半段即只坐半个屁股的姿势，表现出一种唯命是从的模样来。而那个领导，却能随随便便地架起二郎腿，显示出他的优越地位来。

从某种角度上来说，一个不分场合、总是喜欢大模大样地架起二郎腿坐着的男人，很可能是从小被娇宠惯了的，那种自以为比他人优越、自高自大的性格，迟早会给他带来麻烦。

因为跷二郎腿失去工作机会，听起来像天书奇谈，但在实际生活中，它确实存在。

北京智联招聘人力资源部专员杜先生就经历过，他说："有一次我负责面试，有一个男孩子在我面前跷起了二郎腿，我当时就十分反感，以至于不想再问他什么问题了。"

其实，坐姿本身就是一种身体语言，可以向对方传递信息，坐姿是否优美，是影响印象的重要因素。在生活和工作中，就座习惯能体现出落座者有无教养。跷起二郎腿晃来晃去就体现出没有礼貌，显得过于放肆。

一般来说，坐着时姿势要端正。从气功角度和养生学看，应挺胸、收腹，两脚自然放下，正视对方。如果东倒西歪，会给人不严肃的感觉；斜眼与人谈话，则表示轻视对方，傲慢无理。若是走向他人对面的座椅落座，可采用后退法接近属于自己的座椅，尽量不要背对自己将要与之交谈的人。如果对方请你坐下，就座前，别忘了说声："谢谢！"

坐姿总的要求是舒适自然、大方端庄。在日常交往中，对入座和落座都有一定要求。入座时，动作要轻盈和缓，自然从容。落座要轻，不能猛地坐下，发出响声，起座要端庄稳重。

在对外场合的坐姿，要自然大方。既不要放任随便，以致失礼；也不必正襟危坐，过于拘束。可以按照座位的条件和场合的不同，采取适当的坐姿；并可以根据交谈的需要，转变自己的体态。

有的场合，座位已事先排好，并放上名卡，可按排定次序就座；有的场合不排座次，应注意选择适合自己身份、地位的座位，不要随便占尊者、长者的位子。有的活动场合有坐有站，要注意给老年人和妇女让座。

谈判、会谈时，场合一般比较严肃，适合正襟危坐，但不要过于僵硬。要求上体正直，端坐于椅子中部，注意不要使全身的重量只落于臀部，双手放在桌上、腿上均可。

倾听他人教导、指示、传授、指点时，对方是长者、尊者、贵客，坐姿除了要端正外，还应坐在座椅、沙发的前半部或边缘，身体稍向前倾，表现出一种谦虚、迎合、重视对方的态度。

在比较轻松、随便的非正式场合，可以坐得轻松、自然一些。全身肌肉可适当放松，可不时变换坐姿，以便休息。

女性就座，应给人端庄、稳重的印象，使人产生信任感，还可以给交谈带来方便。正确的坐姿，是双腿进入基本站立的姿态，后腿能够碰到椅子，轻轻坐下，两个膝盖一定要并起来，不可以分开，腿可以放中间或放两边。如果你要跷腿，两条腿是合并的；如果你的裙子很短的话，一定要小心盖住。

女性标准式的坐姿应该是轻缓地走到座位前，转身后两脚成小

"丁"字步形，左脚前右脚后，两膝并拢的同时上身前倾，向下落座。如果穿的是裙装，在落座时要用双手在后边从上往下把裙子拢一下，以防坐出皱褶或因裙子被打褶坐住而使腿部裸露过多。

坐下后，臀部应坐在椅子的2/3处，上身注意挺胸、收腹、立腰、直背，双肩下沉，双臂贴于身体两侧自然弯曲，两手交叉叠放在两腿中部，并靠近小腹。两膝并拢，小腿垂直于地面，两脚保持小"丁"字步形，体现谦虚有礼，自然大方。

"二郎腿"一般被认为是一种不严肃的坐姿，尤其是女士不宜采用。可是，生活中这种坐姿常常被采用，但要特别注意小腿往回收，脚尖向下这两个要求，不仅外观优美文雅，大方自然，富有亲近感，而且还可以充分展示女士的风采和魅力。

需强调的是，女士在乘坐小汽车时还应注意坐车的姿势。要想在上汽车时显得稳健、端庄、大方，做起来并不难。上车前应首先背对车门，款款坐下，待坐稳后，头和身体进入车内，最后再将并拢的双腿一并收入车内。然后方才转身，面对行车的正前方向，同时调整坐姿，整理衣裙。坐好之后，两膝亦应靠拢。下车的姿势也不能忽略，一般应待车门打开后，转身面对车门，同时将并拢的双腿慢慢移出车外，等双脚同时落地踏稳，再缓缓将身体移出车外。

语言是一张绝好的名片 ◀◀◀

建立个人品牌需要建立知名度，就是要利用每个机会向别人说自己的故事。这就要掌握口语表达的技巧。虽然你的语言不必像克林顿那么精彩，但是一定要能够清楚、从容地表达自己。

说话人人都会，可是，要说到人人都喜欢听的程度，那就不是人人都能轻而易举地办到的了。唐太宗李世民曾评论过"变"字说："语言者，君子之枢机，谈何容易！"孔子的得意弟子曾子，也把仪容、风度、言辞的修缮，作为个人品性形象的三大要素。而老子更是把语言作为一种使用价值，说"美言可以加市"，意即一个人只要能巧妙地驾驭语言，就可以换来他所需要的东西。

小杨终于找到了合适的工作，学日语的她在一家日本人的公司找到了一个总经理助理的职位。

小杨在日本出生，读书到小学毕业才回来，一口日语十分流利，在大学里屡屡受到老师表扬，朋友们常常笑她是个"小日本"。而她对自己的这段经历也十分得意，所以找工作的时候，非日资公司不去。

上班快三个月了，日本老板对她很满意，想跟她签长期合同，小杨却有点犹豫，倒不是因为待遇不好，而是公司里有一个副总对她很是看不惯，经常给她小鞋穿。

在小杨去公司之前，这位副总是总经理助理，小杨是在他高升之后补了他的空缺，据说面试的时候他对小杨的印象还是不错的，现在为什么变了脸呢？

那天朋友去接小杨下班，朋友看出了一点端倪。该副总在审看小杨递给他的日文报告，提出了小杨报告中的几个问题，小杨立刻进行辩解："日语里这个词应该是这个意思，不会错的。上次你的这个错误就是我向山上先生提出的，他也认为我是对的。"副总的脸色立刻有点阴，他合上报告："那好，我回去慢慢看，明天再给你。"小杨又说："今晚山上先生就要的。"

"没关系，我亲自给他好了。"副总沉着脸走了。

晚饭的时候，朋友和小杨聊起了她与副总最近的矛盾，基本上都是这些琐碎的冲突。副总当年是看电视学日语自学成才的，这个经历一直是他的骄傲，可是自学的东西总有一些不规范的地方。年轻气盛学院派的小杨眼里自然揉不进沙子，所以常常会当面冲突。虽然对的常常是小杨，可是副总却是越来越不高兴。小杨问朋友："我只是为了减少工作中的差错率，我错了吗？"

在大量的职场新鲜人中，像小杨这样的困惑很多人都会有，明明只是为了工作，却忘了给别人留点余地。上文中提到的这位副总一定也欣赏小杨的能力，不然面试时对小杨的好印象从何而来？毕竟小杨的专业知识是他欠缺的。可是小杨自己似乎欠缺了一点虚心和温和，一起工作，探讨问题的方式最好和缓一些，"可能""也许"这样的字眼能缓解矛盾，言语里面动不动就提到上司也是一种错误做法，这会让人有一种盛气凌人的感觉，越是优秀的人才越要注意这一点。

人际传播是离不开语言的，说话的内容、选词造句，说话的语言、语调，说话的身姿、手势、表情……都会给对方留下一定的印象，即每个人都对他人树立了自己的语言形象。

"谈吐往往让人留下第一个印象。"美国语言治疗师霍尔说，"你讲话的方式，反映你的智慧和性格。"所以，如果你言语闪烁不定，夹着很多"咩罗咧嗯"，或者"我想可能或许大概应该是如此"，你的形象定会大打折扣。

"嗯、呵等装饰词只能说明你犹豫不决，紧张而缺乏智能。那会令你显得优柔寡断、紧张，以及笨拙。"霍尔说，如果要改变这样的习惯，写张提醒字条，如"不要说××"，贴在电话旁边，久而久之就能戒掉。

还有，别忘了纠正你的语调和节奏，不然，如果你说话像小女孩，别人也会视你为小女孩。尝试将声音放得低沉，确保咬字清晰，你就会显得较成熟、专业和有智慧。

尽量不要在句子的尾声提高音量，譬如，当你的老板问你账目是否能在下周赶出来，用高音回答"好啊"，显得你紧张不安；若改用低沉的声音回答"好的"，语气就比较肯定。

此外，如果你说话时断断续续，急促及不断呼吸，这会令人感觉你惊慌失措，所以，在紧张时最好放慢语速，而且事先想好要讲些什么，上司会提出什么问题，你要如何应对等，才能临危不乱。

一个人的表达沟通能力在某种意义上是一个人能力的集中体现。交流的本领，并非是与生俱来的，只要注意学习，是能够不断提高的。一个人说话的过程就是一个语言形象塑造的过程。语言形象是否具有魅力，直接影响到自身是否对对方具有吸引力，关系到工作的成败。

让你的声音成为引力的磁场 ◀◀◀

在职场上，我们嗓子的声音会影响人们的判断。声音可以反映一个人的性格、能力、情感（自信、自卑、懦弱、刚强、老实、狡猾、和善、奸巧……尽在其中），从而会影响我们的办事和交往的效果。嗓音会招人烦，有时也会因它而弄出是非，当然也会惹人喜爱，我们可以将它优美化和优雅化，这样会对我们有益处！

在一条开阔的马路上，麦莎找到了那家装饰豪华的公司。保安问明事由，领她到办公室。人事经理是位女士，她笑着起身："来得这么早啊，老板还没有来，你稍坐会儿。"麦莎坐了下来，没说话。"路上好走吗？喝热的还是凉的？坐的是几路车？"在热情的人事经理面前，麦莎显得很木讷。到了9点，经理说老板来了，要带她去。

走进老板的房间，一个身材高大，体态浑圆，粗眉黑脸的北方壮汉站在面前，不知所措的麦莎一声不吭。人事经理连忙搬来椅子，缓解尴尬气氛，麦莎浑身不自在地坐下。

老板没有说话，麦莎也没开口。大约过了30秒，老板说："介绍一下吧。"麦莎机械地叙述着自己的简历，音色干瘪。

"对立项、报审、报批的办理熟悉吗？"麦莎再次哑然。片刻，老板发话了："先这样，等人事部通知。"回到人事部，麦莎向经理转告老板的意见，声如蚊子，言不达意。

思量自己的表现，从一开始不说话就陷入被动，这种被牵着鼻子走的基调一直贯穿复试的始终。"如果我是老板，聘到这样的员工，也会不乐意的。"麦莎心里想。

确实，在职场上，声音的魅力会影响人们的判断。我们应该让自己的声音富有吸引力。声音具有吸引力的人，给人的感觉是他更能胜任某项工作，他更有领导能力。

最好听的女声是新鲜、柔美、不带杂质的，给人的感觉是天生丽质。磁性女声有沧桑感，如同浓妆美女给我们的眼睛的感觉。

现在，人们对于好多东西都比较习惯中性化，沙哑的女声能够惹人注意。高、尖、细的女声给人幼稚、不稳重的感觉，工作中难以让人信赖。

声音对人的容貌、影响力具有修饰作用。容貌不错的人，如果声音难听，会减少给人的良好感觉；嗓音好的人，看上去模样也会显得更好。

语速太快，让人觉得性子急，爱冲动，不稳当；太慢了，会给人思维迟缓的感觉。掌握好发音的速度，会让人知道我们既聪明又镇定。

职业化的声音应该是中性的。女人气的尖细声音，给人低弱无助的感觉，不适合职场需要，会让人怀疑这个人能否胜任他的工作。

女性化的尖细的声音缺乏吸引力，可以通过学习声乐或降低音高的其他课程，让声音变得权威、成熟。

开会发言对声音的要求讲究不少。三五个人的小会，可以像平日一样发音，语速上要慢，不能快，这样可以让人听清楚，也可以增加发言的权威性。过快的发音，给人不加思考的感觉，也容易引起听者的疲劳。

十人以上的大会，要提高音量，细小的声音则会让人怀疑我们的能力。

在职场上，声音要讲究标准化，跟同事们用同样的语言，最好跟他们发音一样，浓厚的地方口音对自己是极为不利的。

声音可以美化和修饰。发声是由学习而来，所以说可以改变和改善。电台播音员、话剧演员说话的声音非常好听是因为他们受过系统的发声训练。

男性最好听的声音是圆润、浑厚、力度十足，给人自信、宽厚的感觉。但在现实生活中，有些男性却多了些脂粉气，少了些刚性，比如，他们说话或细声细气，啰唆唠叨；或忸怩作态，动作太柔；或卿卿我我，喜欢和人"咬耳朵"；有时说话没有准头，颠三倒四，说了不算数等。这种缺少雄健气息的语言表达不但不利于人际之间的沟通，而且有损于男子汉的形象。

尤其是作为男性领导者，如果缺少语言的雄健之美，人就少了刚性和威严，就可能影响他们在下属中的威信，进而影响工作的顺利开展，这就因小失大了。为此，应该注意以下这些问题。

1.让思想性格强化阳刚之气

男性语言的雄健特色虽然与性别有关，但决不完全是男性性别

◎形象点拨

上帝把每个人都设计得很奇特，当你发现了自己与众不同的地方，你应该觉得自己很美丽！因为这个世界没有一个人像你，你是独一无二的！

自然赋予的，而是后天培养锻炼出来的。它是与男性的性别意识、工作责任心、使命感及其在生活中所扮演的角色紧密相连的。一般情况下，许多男性在社会生活中担负着重要的责任，有时起着女性起不到的作用。

比如，在各级领导岗位上，男性占大多数，在战争、救灾等危险环境中，男性冲锋陷阵。所以，作为男性必须十分清楚自己的职责和地位，这样在特定场合才能有意识地在言行方面表现出顶天立地的男子汉气概和坚强的形象。也可以说男性树立起很强的社会责任感、使命感是形成雄健语言的内在思想基础。很难想象，一个不敢负责的胆小怕事的男人，他的语言会表现出刚性来。

2.用雄厚知识助长阳刚之气

语言的雄健还与人们的学识、见闻有直接关系。一个人的知识面宽，理论修养好，他说话的理性色彩就浓，逻辑性就强，自然就会有力度。所以，尽量多一些见闻，多学一些理论知识和哲学原理，加强思想和理论修养，这样你的谈吐就会得到知识的支撑。

3.用表达技巧"包装"阳刚之气

还应有意识地通过书刊和新闻媒体学习掌握成功男人口语表达的技巧和形式，在此基础上加强口语交际实践，增强自己语言表现的力度，形成自己的风格，展现出自己独特的男性语言的雄健之美。

总之，明白我们的声音可以改变很重要，我们的声音可塑性极强，可以让它尖细点、低沉点、厚重点、轻柔点、慢点或者快点。我们在平日注意发音，听别的好听的声音听得多了，我们对好声音就有了记忆，可以跟自己喜欢的主持人或者电视里的角色发声，慢慢地，我们会发觉自己的声音也能变得更漂亮、动听些。

另外，喝冲泡好的胖大海水，可以滋养嗓子；嚼薄荷口香糖，可以清凉嗓子；说话时想办法（模拟口中吃了块大东西）让声音从鼻中回旋传出，时间长了可以改善嗓音；练习唱歌可以增加嗓音的魅力等，都是一些很适用的方法。

想说什么先在大脑中过滤一下 ◀◀◀

你会说话吗？这样问你，你一定觉得可笑，只要是正常人，说话谁不会？可实际上问题并没有那么简单。

最近，李强炒掉了部门的一个女员工，说起来这个女孩子也没什么大错，而且工作特别爱表现，但就是不会说话，老让人觉得她哪天会把好好的事情做砸，而且她确实做砸了。

举个例子，李强让她写一份推广计划书，她很快写好了，拿过来，扔在李强桌上："你看一下。"语气像是在命令李强。李强没跟她计较，计划书很快看完了，里面通篇是"我们"如何如何，没有一句涉及客户的需要，自然打回去重做。但问题是她觉得自己写得很好，一个字都不肯改，还举出若干理由跟李强顶撞。

还有一点，这个女孩子不肯承认自己有问题，或者是根本没意识到自己有问题。作为上司，李强一开始想帮她，甚至买了几本《人性的弱点》一类的书送给她。然而她不仅没有表示感谢，还当着全部门员工质问李强："你是不是觉得我特别需要接受再教育？"

最近半年，不知她是谈恋爱还是怎么的，上班经常借故迟到，做事不上心，频频出错，招来客户大量投诉。那天李强刚说了她几句，她居然就哭起来了，说李强故意针对她，然后没打声招呼就离开了公司。第二天早上，李强刚到公司还没坐下，她就走到李强面前，愣头愣脑来了一句："我们两个人的事，去小会议室讲清楚。"当时办公室里所有人都兴奋地瞪大了眼睛，李强堂堂一个大男人，被她气得几乎晕厥——我们两个人的事！我跟她有什么事啊？

几次下来，李强对这个女孩子失去了信心。人最可怕的是摆不正自己的位置——如果你不把领导当领导，对不起，领导也没法把你当下属了。而且又遇上许多客户投诉到老板那里，说她不懂装懂、扮权威指手画脚，强烈要求换人。老板震怒，当即决定请她走人。但更让人绝望的是，她走的那天居然还对李强说："我觉得你这个人总的来说还是不错的……只是跟人沟通说话的方式有点问题！"

你看，说话是简单的事吗？明人吕坤认为，说话是人生第一难事。沟通障碍、不会表达的后果，短期表现为工作无法圆满完成，达不到预期的目标，中期会影响业绩和收入，长期如此则是得不到同事认可和领导赏识，升职无望，更严重的会影响整个心态，致使人生总在低谷徘徊。

所以，当我们准备开口说什么之前，一定要把自己想说的在大脑中过滤一下，然后再说。

像一位优秀的经理一样倾听 ◀◀◀

现代社会不仅需要能够积极地表达自己，而且也要具备作为一个良好倾听者的素质：能够倾听他人声音，了解他人所想。然而，在现实生活中经常会发现一些人，他们很善于表达自己，但是却不会倾听他人的话语，不能给他人情感上的依托，不能让他人感觉到信任、感觉到情感的共鸣，甚至不能倾听他人的忠告和建议。而在人生的开始阶段，在习惯还没有成为痼习之前，这种良好的倾听习惯和技巧的养成就显得尤为重要，它将使你终身受益。

罗杰·弗里茨曾经写过一本叫《像经理一样思维》的书。虽然，弗里茨写作该书主要是针对管理方面的新手的，但如果你能够仔细阅读该书，并细细体味的话，或许你会跟我有同样的认识，其实每个人都应该像经理一样思考，像一位优秀的经理一样倾听。

关于如何更好地倾听，书中就告诉了我们如下一些技巧。

1. 发问

可以提些诸如"你认为这就是问题所在？""你的意思是……？""你能说得明白一些吗？"等问题。这些提问有助于你获得更多信息，并理解问题的各个方面。由于多数经理人赞同的做法是"准备，开火，瞄准"，现在，许多人喜欢有人坐下来倾听别人陈述对情况的看法。

2.中立

像"嗯"和"真有意思"等中性评价性语言能表示你对谈话感兴趣，并鼓励对方继续说下去。这是最难的技巧之一，因为这要求你真正跟上对方谈话的主题。不过，如果你的确很擅长这一技巧，那么，你可以辞去现在的职位而去当一名心理医生了。

3.重复

可用"按我的理解，你的计划是……""你是说……"及"所以你认为……"等句式。这些说法表明你在倾听，并明白对方的意思。重复的重要性在于让你尽早发现有无曲解对方的意思。

4.回应

常用说法有"你的感觉是……""你是不是认为自己没有得到公平的待遇……"听对方所言与知对方所想完全是两回事。

5.总结

试着用"你的主要意思是……"和"如果我的理解没错的话，你认为……"等说法。不要第一个下结论，先听他人的结论可能更有价值。

有了上述技巧，你就会发现倾听别人谈话也是其乐无穷。由于倾听就在你获得重要信息的同时，也树立了平易近人、善解人意的形象，你又何乐而不为呢？

"别人的嘴"是最好的广告 ◀◀◀

赢得别人的认可，这是品牌存在的基础。认可的人越多，范围越广，品牌的价值也就越大。"别人的嘴"是品牌宣传最好的广告。必须相信"众口铄金"的影响力。

在中央台一次讨论教育的节目中，一位私人教育集团的老总和国家教育界的人士关于教育是否应该赢利展开辩论。这位干部在辩论中表现得富有攻击性，他不时地打断别人，不礼貌地插话，一副不饶人的态度，他皱着眉头，语言、语气充满了激烈的挑战性，给人留下一个不成熟、心胸狭窄、焦躁好胜的印象。而那位集团的老总却坦然自若、面带笑容、沉着应战，没有与对手进行针锋相对的争论。所以，要避免一切消极的词汇、语气和动作，即使对方多么激烈、好斗，也应该采取宽容、理性的态度，避免把问题个人化。

"别人的嘴"怎么说，可不是我们所能控制的，但是"别人的嘴"怎么说，也是需要事实根据的。只要我们做到了，别人也就会说到了。我们的一言一行，都可能成为别人茶余饭后的谈资。所以，我们必须为自己的所作所为负责。

自吹自擂绝对不如同事对你的赞赏来得实在，所以应让同事在老板面前多进美言，为此，你就应该处理好与同事之间的关系。那么怎样才能做到这一点呢？

行为准则之一：用你的行为使同事认识到，与你相交是安全的。换言之，使对方得到安全感。根据马斯洛的"金字塔"，安全需要是人的低层次需要，但却是必不可少的首属需要。为此你应该：在与同事交往中不探听、更不可揭露他人的隐私；不背后道人长短，更不可搬弄是非；人孰无过，因此要不记人过错，更不可存报复之心；不狂妄自大，更不可事事处处尽占上风。这样，同事们自然会认为你是忠实可靠的同事又是朋友，便会毫无顾虑地同你交往、合作了。

行为准则之二：需要的满足是相互的，人际交往的目的是彼此满足需要。在人际交往中一方传输信息、感情或者物质等，另一方理应相应地做出报偿，如态度的转变、交往频率和深度的增加、感情的融洽、关系的改善等。如果人际交往中付出和报偿不公平，则人际关系将受到影响。如果你待人真诚、不谋私利、急人所急、豁达大度，那么同事关系一定是好的；反之，若有己无人、盛气凌人、贪得务多、粗鲁野蛮……那么同事关系必然不好。

行为准则之三：注意交往的时间距离。我们已经知道，人际关系一般与交往距离的远近，交往时间的多少、长短成正比，因此，一个班组，一个办公室的同事关系一般较密切。为了便于同同事交换信息，沟通感情，消除隔阂——也即消除交往中对另一方传输的信息的误解，一般需要进行面对面的人际交往，同时应经常进行交往。然而，我们也要注意交往过度会造成心理及感情上的饱和，因此，同事间的交往，无论从频率上还是从空间上讲都要恰如其分，即保持"君子之交"的时空距离，这样各自都能冷静地处理相互间的关系，不致因交往过密而对另一方产生过高的期望，一旦这一期望（工作上的意见分歧或冲突）不能实现，就会产生失望感，甚至怨恨情绪，反而不利于保持正常的关系。

行为准则之四：正确对待竞争。在现代社会，各单位、公司都有晋升、加薪的机会，你我他都有好胜争强之心，这是自强不息的表现，也是满足自我实现需要的表现。因此，同事间相互竞争是正常的。围绕着一个共同的目标而展开的竞争，有利于相互促进，有利于共同目标和个人抱负的实现，它是组织和个人是否有活力的标志之一。既然如此，在竞争中你我他都应有这样的认识和态度：在竞争中人人平等，人人都有获胜的机会，也有失败的可能；胜要胜得光荣，输要输得坦然；要戒妒——输者不嫉妒，戒骄——胜者不骄傲。胜负只说明过去。今天你晋级了，我衷心向你祝贺，诚心向你学习，争取明天再分高低。你我他在竞争中是对手，在工作中是同事，在生活中是友人；争而不伤团结，不失风格，得意时不忘形，受挫时不丧志。这样，同事关系绝不会因竞争而受到损害。

行为准则之五：正确认识自我，表现自我。所谓自我，是个人生理、心理和社会化三者的统一。正确认识自我，就是要对自己的体能、智能、价值、社会权利和义务、社会责任和社会地位等有一个符合实际的评价，形成正确的自我意识。在行为举止中表现出自尊而不自傲，自爱而不自卑，自律而不自弃。在对待自我理想和抱负的实现方面，既看到个人的能动性和潜力；同时要清醒地认识到离开社会、集体、同志们的协助，自己必将一事无成。这样我们就会在交往中注意自我和社会大我的结合；我们就会有强烈地与他人交往的热忱，乐于与同事交换和分享信息、情报；我们就会在与同事和领导的交往中保持平等自然的态度，不卑不亢，落落大方；我们就会既有强烈的自我实现愿望，又有强烈的与他人合作的愿望。

完全可以肯定，同事们一定会尊敬这样的人，愿意与这样的人交往、共事。

古人说："上不失天时，下不失地利，中得人和，而百事不废。"用现代话来说，同事、上下级关系和谐，则万事兴，也就是单位的生产率、工作效率可以提高，组织的计划、目标能顺利实现，个人的愿望和抱负也可因此而实现。

第6章

给人留下有气场的第一印象

第一印象效应是个妇孺皆知的道理，为官者总是很注意烧好上任之初的"三把火"，平民百姓也深知"第一眼"的重要性，每个人都力图给别人留下良好的"第一印象"。第一印象很重要，因为人生充满了第一印象。美好的第一印象是你塑造成功形象的第一笔筹码。那么，你能有意识地利用第一印象效应来成就自我吗？

魅力来自第一眼的印象 ◀◀◀

你遇到过这样的情况吗？第一次参加聚会，周围是陌生的人群，你犹犹豫豫，在心里打了无数次腹稿，可还是不知该怎样说出第一句话，该向谁迈出第一步。这时，你发现了一个家伙，他风度翩翩，从容不迫地先和你打招呼，并且泰然自若地和你侃侃而谈。你觉得对方开朗又热忱，态度亲切且很有感染力，而且你注意到其他人跟你一样，也都为他所倾倒。

在我们生活的四周，总是有这种魅力无穷的人，他们能察觉人际往来的微妙互动关系，只要有他们出现的地方，总是很能带动气氛，使人如沐春风，乐于和他们接近。

但魅力并不是如此简单。"人往高处走，水往低处流"，"结交需胜己，似我不如无"。人都有向上的心理，都崇尚有价值的东西，崇拜值得钦佩的人。如果你给别人的感觉是个平庸之人，他就觉得没有必要与你浪费时间，所以你就是再谦虚也万不可表现得自卑甚至自惭形秽，这样必遭别人轻鄙，你必须处处表现得从容自信、干练、有条不紊，不亢不卑，仿佛胸有百万兵。要让别人觉得你能干，非同寻常，可为其师，同你交往对其有利！例如，有位记者觉得有必要结识一位女列车员，好报道车上先进事迹，便花了五分钟的时间去"发展"了这位朋友，而且后来两人真的成了知己。当她们熟悉后，那位列车员带着神秘的眼神说道："从你上车的那一刻起，我就从拥挤不堪的众人中把你注意上了，你超凡脱俗、聪慧神秘的仪态，当时就使我一惊：'这个女人不寻常！要认识她才好呢！'"第一印象的魅力由此可见一斑。

那么，在与人初次相见的几分钟里，该如何表现自己，来展示自己的魅力呢？

以下是学者的研究，可以用以下六个向度来评断魅力。

1.情绪表达力

能自由表达内心感受，不但能让他人了解自己的心底感受，更能借真情流露增添人际交往的乐趣。他们多半表情丰富、声调千变万化，充满热情与活力。

2.情绪敏感度

具有魅力者，不但是绝佳的情绪传送者，也是体贴的讯息接收者，可以了解他人经由非语言行为所传达的感觉，与人建立有效的沟通。

3.情绪控制力

善于控制情绪，使情绪适时适地适度地释放。

4.社交表达力

具有说话的技巧，能将想法立即语言化，也有能力带动话题，与人相谈甚欢。

5.社交敏感度

觉察周遭人际往来的微妙互动关系，熟知各项人际规则，并能在不同的场合表现出适当的行为。

6.社交控制力

擅长在生活中扮演不同的角色，以适应不同的状况；随时调整自己的行为，以符合当时情境的需求。

但要注意的是，上述的六项能力必须互相补偿结合才能发挥最大效果，否则将会妨碍魅力的发展。

了解魅力、增长魅力并不难，只要我们从小处着手，在平常累积一些成效与经验，从自己能力所及的范围加以尝试，持之以恒必定可以让自己焕然一新，做一个人见人爱的人。以下教你几招具体的操作方法来帮助你提升魅力。

1.魅力之基石是你必须要有强烈的动机

你希望自己变得有魅力，首先就必须对魅力有强烈的渴望。

2.循序渐进从外表开始着手

虽然说不应以貌取人，但不可否认，外表时常左右别人对我们的看法。

3.学会放松并自由抒发情绪

拥有一颗开放真诚的心，随时与人做情感的分享与交流，会让别人更容易接近自己。

4.多聆听和观察别人

在公众场合，可以注意观察一下别人谈话时的声音与表情，你不妨想象自己是个侦探在办案，仔细地研究别人的一举一动，可增加自己对他人情绪的掌握。

5.强迫自己与陌生人交谈

寻找一切机会锻炼自己的社交表达力。

6.即兴演讲

你可以在家里对着镜子练习，最好把过程录下来，作为改进的参考。人们之所以拒绝在他人面前表达自己，多半是由于害羞和缺乏自信。如果你能随时面对各种话题不假思索地谈话，将是你提升魅力的本钱之一。

7.走向人群，实际投身于各种社交场合

虽然说，你可以借着不同的观摩练习来磨炼技巧，但是，正如欧吉瑞博士强调："唯一能让你成为一流好手的最佳途径，便是直接走进球场，面对着强劲的老手做一场厮杀。"

然而，魅力并不是掌握几项提升技巧就可以轻易获得的，它是个人内在素质的外在体现，不是靠模仿就能得到的，更不是装腔作势的结果，而是人们在长期的生活和学习中所形成的良好性格、气质的自然流露。要增强自己的魅力，关键还在于丰富自己的内在修养。

内在修养提高了，随之你的穿着打扮、言行举止也会有质的变化，巧妙灵活地运用外在的仪表、服饰、行为动作等这些因素，在初次交往中注意扬长避短，既体现自己的个性，又把握住分寸，就会收到悦己和悦人的意想不到的效果，给人留下一个魅力无限的第一印象。

另外，我们可以从对方处获取信息来判断自己是否有魅力。

1.看对方的眼睛

俗话说，眼睛是心灵的窗户。一个人的心理活动，往往会在他的目光里有所体现。人的目光其实可以传递很多的内容，好感、喜欢、兴奋、好奇、冷淡、厌恶等，你注意看对方的眼睛，就可以判断出对方对你的态度，进而判断出你在他面前是否具有魅力。

2.听对方的言谈

一个人是否喜欢另一个人，总要从他的言谈中表现出来。如果对方与你交谈时显出极大的热情，常常说一些真心夸奖你的话，并愿意向你讲出他的心里话，那就说明你对他很有吸引力。

3.观察对方的行为

通过对方的行为，也可以判断你在他面前是否具有魅力。如果对方很愿意与你接触，或就座时尽量靠近你，或很乐意接受你赠送的礼物，这些行为就表明了你在他的心目中是颇具魅力的。

好感来自第一印象 ◀◀◀

有一本叫《接触的最初4分钟》的书，它的作者提出，人们在彼此决定是否成为朋友时，接触的最初4分钟起着重要作用。

我们可能都有过这样的经历，当有新朋友介绍给你，甚至面对迎面走来的陌生人，你的内心不自觉地会马上做出一个喜不喜欢这个人或对他有没有好感的判断，这个判断直接影响你对这个人的看法和以后你们的交往。

而传说中的"一见钟情"实际上就是来自第一印象的极度好感。

所以我们要重视在陌生人面前的第一次亮相：从仪表服饰、态度表情到第一句话，都作精心的设计和妥帖的安排，以求赢得对方的好感。著名记者萧乾对此颇有体会，他说："做记者要适当注意仪表，要衣着整齐。我这个人一向邋遢，记者生活强迫我克服了这个毛病。在旧社会做记者，不管家里多穷，出门也要西服笔挺，否则人家看不起你。新社会当然不存在这种事了。但假如你搞得很脏，在被采访者面前又是抠鼻子，又是掏耳朵，就会使人感到不愉快，不乐于同你谈话。"

给人在第一印象中留下好感是如此重要，美国一位学者曾经说过："一种既简单但又最重要的获得好感的方法，就是牢记别人的姓名。"卡耐基也曾在《如何赢得朋友》一书中写道："一个人的姓名是自己最熟悉、最甜美、最妙不可言的一种声音。"善于记住别人的姓名，既是一种礼貌，又是一种情感投资。姓名是一个人的标志，人们由于自尊的需要，总是最珍爱它，同时也希望别人能尊重它。

在人际交往中，当你与曾打过交道的人再次见面，如果对方能一下子叫出你的名字，你一定会感到非常亲切，对对方的好感也油然而生；而如果对方只觉得面熟，再次向你请教"贵姓"，双方一定都觉得非常尴尬，亲切愉快的气氛也会一扫而光。

记住别人的姓名可谓小事一桩，但往往能收到很好的效果。在一家旅馆的大厅里，一位客人来到服务台办理住宿手续，还未等客人开口，服务小姐就先说："××先生，欢迎您再次光临，希望您在这儿住得愉快。"客人听后十分惊讶，露出欣喜的神色，因为他只在两年前到这里住过一次。这位客人因此而感受到了莫大的尊重，进而对那位服务小姐甚至她所服务的旅馆产生了好感。

当然，由于各种原因，人们不可能将所有与他沟通过的人的名字全部记下来。但是要注意，如果万一忘记了对方的姓名，也千万不要像第一次见面那样直接请教，否则对方会有一种被忽视、不受尊重的感觉，而应该尽力回忆，比如，与对方谈一些第一次见面时的情景，万一回忆不起来，便要用非常委婉的方式请对方告知，或坦率地承认自己的失误，以弥补缺憾。

信任来自第一印象 ◀◀◀

从第一印象中，可以看出这个人是否值得信赖。

一位药剂科主任讲过这样一件事：

我们这些医院的药剂科主任几乎天天和医药企业的医药代表打交道，凭着多年的发现与交流，医药代表的形象几乎能够决定所代表的医药企业产品在一定范围内的沉浮。姜小飘是一家企业的医药代表。记得第一次认识她是在我办公室，当时各家医药代表济济一堂，她站在门口，微微一笑。我问她："有事吗？"她则礼貌地答道："主任，您先忙，我改天再来拜访您。"隔了两天她来了，依旧是那副神态，在做了简短的自我介绍后用商量和征求意见的口吻如数家珍般谈起他们公司的产品情况。而有的医药代表如同篮球场上的球员，争先恐后地自我介绍，相比起来，其效果恰恰是相反的。她得体的礼仪为她赢得了信任的开端。西方国家很重视印象管理。美国总统竞选，有专家为总统候选人精心设计形象，搭配衣着、领带，设计发型，整饰面容等，为的是给选民留下精神焕发、可以信赖的印象。

英国前首相撒切尔夫人为了给人留下值得信任的印象，向"形象专家"请教，改变了原来在英国政坛初露头角时又细又尖、毫不动人的声音，开始以雄浑有力的音色在国会"舌战群儒"，成为有"铁娘子"之称的女首相。

由此可见，我们应有意识地向对方展示美好的自我，吸引对方的注意，给人以值得信任的印象。

幸运来自第一印象 ◀◀◀

说幸运来自第一印象，也许是最没有异议的了，因为身边经常会有这样的事情发生。

有一篇故事，说一位先生登报招聘一名办公室勤杂工。有五十多人前来应聘，但这位先生只挑中了一个男孩。"我想知道，"他的一位朋友说，"你为何喜欢那个男孩？他既没带一封介绍信，也没有任何人推荐。"

"你错了，"这位先生说，"他带来许多介绍信。他在门口蹭掉了脚下带来的土，进门后随手关上了门，说明他做事小心仔细；当他看到那位残疾老人时，就立即起身让座，表明他心地善良，体贴别人；进了办公室他先脱去帽子，回答我的提问时干脆果断，证明他既懂礼貌又有教养；其他所有人都从我故意放在地板上的那本书上迈过去，而这个男孩却俯身拾起它并放回桌子上；他衣着整洁，头发梳得整整齐齐，指甲修得干干净净。难道你不认为这些就是最好的介绍信吗？"

那个男孩通过自己的一言一行，打动了主考官，成功地用"第一印象"推销了自己。幸运其实并不神秘也并不是"可遇不可求"，打造完美的第一印象，你也许就是下一个幸运的人。

◎形象点拨

剪裁合宜、简单大方的套装，比两件式上下身搭配的服装更能建立权威感与专业性。

影响力来自第一印象 ◀◀◀

影响力来自第一印象，想发挥影响力，一定要注意给他人的第一印象。印象好，影响力就大。跟别人见面所造成的第一印象，包括你的衣着、表情、态度，都决定了对方会不会受你影响。

为什么全世界所有航空公司的飞行员一定要穿制服？难道他们穿西装、衬衫就会飞得比较安全吗？一点道理也没有，甚至不打领带可能飞得更好。但是，因为装扮笔挺，让人觉得他们精神昂扬、认为他们慎重行事，也就相信他们飞行时一定非常专注干练。衣服是一件小事，可是很多小事加在一起就有很大的决定性了。

日常生活中，人的第一印象对人后来形成的总体印象具有很大的影响力。

例如，领导对一个下属的第一印象好的话，就十分有利于下属，甚至会影响到其今后是否会被重用。如果领导对下属的第一印象极差的话，那这位下属就很难纠正他的印象，就会不太受这个领导的欢迎了。

在人际交往中，我们也总会有这样一种感觉，当与某人第一次接触后，对他印象好，你就很希望与他接触并对他评价也高。而没给你好的第一印象的人，你对他感到不快，甚至在朋友们谈及他时，你也会表现出对他的不满意。可见，第一印象的影响力之大。

吸引力来自第一印象 ◀◀◀

第一印象的形成有一个很重要的因素是外表的吸引力，亚里士多德说"美丽比一封介绍信更具有推荐力"，因此让自己看起来舒服顺眼是人际吸引的基本功夫。其次是愉悦的人格特质，言谈间的基本礼貌和尊重是最重要的。最后是有一些能力但也不是很完美，这会让人有机会欣赏到你的优点，但不会觉得你太完美，就会产生"你也和我一样是平常人"的可亲近感觉。

对于第一印象的人际吸引力，享有日本"推销之神"美誉的原一平有深刻理解。

原一平在保险公司的第一年去拜会了一家寺庙的住持，他回忆当时的情景时说："由于对方毫无拒人之意，我就在内心浮起会心一笑。一进入寺庙，刚刚坐定，我就冲着住持滔滔不绝地说出投保对和尚有何好处，当时的气氛之佳，使我不期然地在心中告诉自己：'这一趟路没白跑，缔约必成。'做梦也没想到，从头到尾一声不吭地倾听的和尚，劈头说出的一句话，有如给我当头一棒，害我愣了半天。"

那和尚究竟说的是一句什么话呢？他说："人呀！还是要在初次晤面时有一种强烈吸引人的东西，做不到这一点的话，你的将来就没有什么发展可言。"

之后的原一平，用他"婴儿般纯真无邪的笑"给顾客留下了美好的第一印象，使他在保险业中超过那些自然条件比他强的同行。

第一印象在时间有限的条件下获得的资料往往不全，容易形成先入为主的首因效应，或以偏概全的晕轮效应与刻板印象，而这些印象一旦形成就很难改变。因此，我们要充分利用第一印象的积极作用，在跟别人第一次接触之前，从仪表、举止、说话艺术等方面做充分的准备，尽可能利用第一次见面的机会给人留下最好的印象，以增强自身的人际吸引力。

在首次见面时如何增强交往间的吸引力，要靠适合我们自己的印象修饰。

第一，留心身体外表的修饰。

一个人若想增进人际吸引，应从自己的服饰、举止、面部表情、精神状态等做出适合自身的角色和当时情境需要的行为，产生令人愿意"接近""接收"的吸引力。

第二，增加与他人的熟悉度。

心理实验告诉我们，不论人或动物，彼此之间当接触的次数增加，熟悉度逐步增高时，便会具有吸引力。因此，如果你想增强人际吸引，则要留心提高自己在别人面前的熟悉程度。例如，有个姑娘，别人给她介绍了个对象，第一次见面，姑娘就对小伙子颇有好感。原因是在此之前，小伙子的妹妹就常向姑娘提起他，讲他小时的淘气、聪明和现在入伍后的英武能干，虽说是第一次见面，姑娘却对小伙子一点也不陌生，亲近感自然就产生了。

第三，扩大彼此的相似性。

我们往往喜欢那些和我们拥有共同理念、态度和兴趣的人，同样的，我们也比较容易忘记甚至排斥那些和我们在条件上、背景上、人格特征上难以协调的人，这就是"相似性"在人际间的吸引力。因此，要明晰自己所期望的与他人与社会的相似性，才能使自己的吸引力得以实现。

第四，注重人际间的互惠关系。

根据人际交互论的说法，人与人之间的互惠行为既有功利的、经济的和现实的作用，也有精神的、心理的和超现实的作用。所以，在人际生活交流中，每个人都难免有酬赏和代价的比较水准。一般说来，功利的互惠较为现实，但不能长久；而心理的互惠较能满足人的基本需求，且能持续长久。因此，我们在第一印象中如果能把感激的心情准确地传达给对方，对方也将会为我们做更多的事、更多的服务。总之，要增强自己的吸引力，就要让自己拥有更多的内在条件，如学识、才干、品德等都是人与人互惠的资源。这样，你才能够得到他人的喜欢和赞同。

第一印象留下诚实 ◀◀◀

坦率承认自己的弱点，虽然是对自己某方面的否定，但却会给对方诚实、可信的印象，而给你的第一印象加分。

初次见面，我们自然尽量想把自己好的一面展现给对方，以期给对方留下好印象。

但俗话说：金无足赤，人无完人。在向对方推销自己时，把自己说得过于完美，反而会引起对方的不信任。其实倒不如坦率地承认自己的弱点，让对方更加全面地了解你，这样他会觉得你更加真诚可信。

一位应届毕业生向用人单位负责人介绍自己的情况时首先就说："由于我平时喜欢打球，所以我的成绩并不怎么好……"结果，有些成绩比他好的未被录用，而他却被录用了。当然他可能是身上其他一些长处使用人单位感兴趣，但是他自我推销的技巧却是值得借鉴的。有的人在介绍自己的成绩时总是强调自己的成绩"非常优秀"，面对自己的不足讳莫如深，而他却能坦率地承认自己的成绩"并不太好"，这就给对方留下了真诚、可信的印象；而说自己"平时喜欢打球"，实际上向对方暗示他是一名体育爱好者，因而身体素质不会差，这正是用人单位所关心的问题。

达尔文的坦率是尽人皆知的。

英国作家哈尔顿问了达尔文一个很尖锐的问题："您的主要缺点是什么？"

达尔文答："不善于数学和新的语言，缺乏观察力，不善于合乎逻辑地思维。"

哈尔顿又问："您的治学态度是什么？"

达尔文答："很用功，但没有掌握学习方法。"听到这些话，你在心里会对达尔文留下怎样的印象呢？一位知名的大科学家竟如此坦诚地在公众面前不加掩饰地暴露自己的缺点，这不是随便就能做得到的，而这恰恰也是一种留下坦率诚实、可信赖印象的一个技巧。

第一印象留下精明能干 ◀◀◀

要给人留下一个精明能干的印象，可以从以下几个方面入手：

1.挺直腰杆坐

从心理学上的观点来看，驼背的人多个性内向、防御性强，不擅长交际。

驼背的人看上去缺乏朝气。尤其坐在椅子上与人谈话，弯腰驼背会使人觉得缺乏自信，畏缩怯懦。相反的，若脊背笔直，不但会让人觉得生机勃勃，还会给人端正能干的好印象。

在商谈、面试等重要场合，一定要挺直腰杆，这对自我表现有极大的帮助。

2.说话简洁有力

有一个研究报告指出：在一篇文章当中，句子愈短愈容易使人理解。

实际上句子简短，不仅容易使人明白意思，而且能给人一种顺畅、节奏明快的感觉。

你若说话的语句常用"这个这个"，或者"啊，啊"等拖拖拉拉的词语，听者会感到烦躁而对你产生不好的印象。另外，你若嘟嘟囔囔，甚至自己也不知道说些什么，会使人怀疑你脑筋是否有问题，而给人一种拖泥带水的印象。

说话和写字一样，该断就断，少用连接词，会使听者感觉明朗而有理，给人精明能干的印象。

3.将约会时间精确到分

有的人整天说"忙死了"，以为会给人能干的印象，其实不然。

倒不如与人约会时，将时间定在几点几分比"几点整"或"几点半"更能给人精明能干的印象。因为忙碌而有效率的人多半很会利用时间，所以和人约定时，刻意选定有零散的时间，能树立自己没有一刻停歇，十分能干的印象。

反过来，若和人约定"几点左右"这种模糊的时间，不仅给人做事马虎的印象，甚至尚未谋面，对方就已经讨厌你了。

留下开朗好印象 ◀◀◀

要给人留下开朗的好印象，可以从以下几个方面入手。

1.步伐轻盈能塑造开朗印象

小孩子走路总喜欢蹦蹦跳跳的，脚步轻松明快，身轻如燕。

一个步履沉重、缓慢的人给人心事重重、阴郁的感觉，而一位走路轻盈的人让你感觉轻松愉快。事实上，步伐轻盈，心情就能保持轻松愉快。

2.主动打招呼

与人相遇，若别人主动先跟你打招呼，你心里会感觉非常舒服，有种被尊重的满足，当然，对方的心里肯定也是很愉快的。能主动先与对方打招呼的人，说明他能和各种各样的人交朋友，自然很少有人会对他产生不好的印象，而且容易给人一种心胸宽大、开朗热情的印象。

可以说，碰面先打招呼，可给人性格开朗的好印象。

一个人用微笑、点头向你打招呼，给你内向、文静的印象，而一个人用几乎是喊出来的声音跟你打招呼，你会觉得他很开朗、活泼。

想要表现自己开朗的性格，就要在打招呼或回答问题时声音比平常说话稍高些且有力量。

3.衣着明快给人开朗印象

服装能表现一个人的个性，在心理学上被视为一种自我的延长。虽然说不可以貌取人，但通常人们会以对方的服装决定印象的好坏。而我们也可以借服装来强调自己给他人的印象。

如衣着华丽、明快的服装可充分表现出开朗的个性，若穿着灰暗色调的衣服，则会带给别人阴沉的印象。如喜剧明星赵丽蓉，这位老太太经常穿着亮色调的衣服演出，戏未演就能感觉到老人开朗的个性。

因此，若要表现自己开朗的一面，就应尽量保持开朗自然的态度，同时借着明快的服饰，就一定能使精神和外表均呈现出活泼开朗的状态。

在人际交往的最初阶段，最先引起人注意的是你的仪表，人们常说的"第一印象"的产生多半就是来自一个人的仪表。一个举止潇洒、衣着得体的人要比一个衣衫不整的人给人们的第一印象要好。因为，仪表端庄、穿戴整齐者比不修边幅者更有教养，也更懂得尊敬别人，这已成了一般人的思维定式。

第7章
从言行举止开始注意你的形象

我国有句成语，叫"桃李不言，下自成蹊"。每个人的一言一行都在别人的观察之中，你做得如何，给别人的印象如何，别人自然会给你一个恰当的评价……

言语动作表露真实自我 ◀◀◀

生活中，你常常看到一个胆怯的人总是不能把身体挺直，一个懒散、懈怠的人老是垂着头、弯着腰。人们往往一个不留意的小动作就将真实的自我暴露无遗。

如果你要别人相信你，在外表上你就必须做到你很信得过你自己。所以，对自己的姿势加以注意，时刻挺起你的胸脯来。

明朝大将洪承畴于崇祯七年在松山战败被俘。皇太极欲招其至麾下，承诺洪高官厚禄等，开出种种诱降条件，但洪承畴不为所动，反而骂不绝口，表示誓死不降，弄得皇太极没有办法，只得请谋略家范文程出马。

范文程见到洪承畴，绝口不提劝降之事，只是天南海北、说古道今地闲谈，从中察言观色。说话的当中，屋梁上的积尘落在洪承畴的衣襟上，洪承畴这个决意要死的人，却几次轻轻将落尘拂去。这个下意识的动作没有逃脱范文程敏锐的目光，范文程由此断定洪承畴是可以被降服的。于是他极有把握地报告皇太极说："我看洪承畴是不会死的，他连自己的衣服都那么爱惜，更何况自己的生命呢！"

之后事情果然不出范文程所料，一向自视为明朝最后一位忠臣的洪承畴，最终还是俯首就范了。

洪承畴一个拂去灰尘的动作，把自己深藏内心的求生心态暴露了出来。

好的言谈举止让你脱颖而出 ◀◀◀

言语动作是一个人内在气质、修养的表现。在一堆陌生人群中，一个言谈举止优雅的人令人赏心悦目，备受关注。一家公司的人事部经理说，他曾面试过一个求职者，从技能方面来说，这位求职者十分出色，但是他的求职态度却令人非常恼怒。当时这位经理正端坐着，那位求职者却把椅子一斜，半躺着，脚一跷，还晃啊晃啊，这一下子经理顿时就没了面试的兴趣。他想，这样的人，将来加入到团队里面不好管理，所以最后把他给淘汰了，即使他是名校毕业或者是研究生也没用。

男士的举止讲究潇洒、刚强，女士的举止要注意优美、含蓄。要讲究自己的站立和坐的姿势、走路方式以及一些习惯性动作。身体接触也是沟通的重要手段，见面时有分寸地握手，既得体，又表现了热情、开朗的性格，对于建立第一印象是非常有利的。初次相识，斜坐在椅子上显得缺乏修养，行为随便；远离他人讲话表示与人有心理距离，不接纳他人；目光游离则表明不把他人放在心上。所以，在交往中，一个善于修饰自己的言谈举止的人，会赢得很多人的好感。

西方著名社会心理学家艾根经过大量研究发现，在与人交往时，按照SOLER模式表现自己，可以明显地增加别人对我们的接受度，给别人留下美好的第一印象。SOLER是五个英文单词的词头组合，它们的含义是：S表示坐或站立要面对着别人；O表示姿势要自然开放；L表示身体要微微前倾；E表示目光接触；R表示放松。这个自我表现模式所表现出来的意思就是：我很尊重你；我对你很感兴趣；我内心是接纳你的；请随便。如果你在与人交往时，有意识地应用SOLER模式，那么你就可以在你和他之间营造出一种轻松、随意的气氛，使你们的交往愉快地进行下去。

1.注意言谈举止美

谈吐能直接反映出一个人是博学多识还是孤陋寡闻，是接受过良好教育还是浅薄无知。一个不善言谈、沉默寡言的人很难引起他人注意。作家丁玲回忆与鲁迅先生谈话时说："鲁迅先生谈吐深刻、严密、有力而又生动活泼，句句吸住我们。渐渐谈下去，愈来愈强烈地发射出真挚的热情，又有一种严峻的强大的威力，从他瘦削的脸上透射出来。使人听得入迷，产生'听君一席话，胜读十年书'之感。"

不说脏话，不吹嘘自己，不议论他人，不盘问别人，不乱打断别人的谈话……都是言谈美的体现。坐有坐姿，站有站相，大方自然，男士潇洒刚强，女士优美含蓄……都体现了举止美。相反，吐字模糊、夸夸其谈、内容平庸、缺乏幽默等都对人产生不了吸引力。初次相识就斜坐在你身边，与异性调笑，当众抠鼻挖耳都是十分不美的、令人讨厌的行为举止。

言语和动作也是组成别人对你的印象的重要因素。头一次与人见面，尤其是在比较正式的场合，不要随便说诸如"哎哟""老天爷""噢"之类的感叹词。这些词如果用多了往往使说话变成拿腔拿调。站和坐的姿态一定要自然，不要时时用手搔头、用舌头舔齿。也不要随便吸烟，又把烟灰弹落在地上。

朴素大方，温文尔雅的行为习惯，坐、立、行的姿态正确雅观，都能表现出一个人良好的教养，给人留下成熟信赖感。粗俗不雅的举动则令人生厌。分寸得当的交往距离使彼此心理上都感到舒适坦然，过度亲热和冷淡则容易引起对方误会。一个人的行为举止能够做到自然、洒脱、不拘束，除了与其社交经验的多少有关之外，主要以其自信心为基础。只有对自己充满信心，相信自己能力的人，才能在社交中做到自然大方，挥洒自如。

2.注意言谈举止礼仪

在与人初次见面时，你的一言一行往往更能留下深刻的印象。试想，一个衣着无可挑剔的人，开口却是出言不逊，显得粗鲁无礼，怎么还能指望别人对他有良好的第一印象呢？

言谈礼仪最基本的是要有礼貌，礼貌所代表的是个人的修养，展现良好的风度也是获取良好第一印象的要素。

我们也许都有这样的经验：同样是向一位老人问路，如果你说："喂，老头！帽子胡同怎么走？"对方即使知道，也不愿告诉你，因为你的问话已经给了他不好的第一印象。但如果你说："请问老人家，帽子胡同怎么走？"情况就会大不一样了。

一定要讲究沟通技巧 ◀◀◀

与刚认识的人谈话，需要运用一些沟通技巧，这样会使得谈话气氛融洽，留下好的印象。

1.先从沟通动机谈起

我们来看看日本心理学家曾做过的一次实验：

一家珠宝店适逢20周年店庆，让一位声音甜美迷人、语气彬彬有礼的店员小姐给几十位老顾客打电话。心理学家要求把这些老顾客分为两组。

对第一组顾客，店员小姐的电话这样开头：

"某某先生／女士，您好：我是某某珠宝店的光子。明天，我们珠宝店将隆重庆祝开业20周年。此时此刻，我们都十分想念您这位老顾客。在此，我谨代表我们商店的老板和全体员工，对您过去经常光顾我店表示最衷心的感谢，并祝您全家幸福快乐！"

对第二组顾客，店员小姐的电话也是以同样的内容开头，但最后一定还添上一句话："顺便说一下，因为明天是商店的大庆，所以有一部分商品会以非常优惠的价格出售，如果有空，请您不妨来看一下。"

对两组顾客的反应用两个指标来衡量：

（1）听完小姐的开场白后，顾客是否还有兴趣和小姐继续交谈？

第一组的顾客绝大多数都和小姐继续交谈了一段时间，最长的谈话持续了20分钟左右。谈话中，不少顾客还情不自禁地说了表扬商店及小姐的话。

而第二组顾客和小姐继续交谈的人数明显减少，只有极少数人问了几句有关打折商品价格的话。

（2）在第二天的店庆活动中，哪一组的老顾客到场较多？

第一组的老顾客到场较多，其中还有人提出想见见那位昨天打电话的、"非常客气、很善解人意的"小姐。但第二组顾客几乎无人到场。

心理学的这个实验证明：在人际交往刚刚开始时，人们首先是揣摩、考虑对方的交往动机，尤其是考虑这种动机主要是"利己"还是"利他"，然后才会决定自己应该做出怎样的行为反应。

这给我们的启示是，在你试图与人进行交谈时，要：

（1）反省自己的沟通动机。

（2）尽量准确地表达你的良好动机。

再如，有的人碰到外国朋友时，主动上前搭话的目的是想练练口语，可是他们非常明显的动机很容易被人识穿，从而使人产生反感，给对方留下不好的第一印象。

2.再谈沟通话题的选择

与生人开口交谈，要找合适的话题使谈话顺利进行下去。处理好这一步可以结识很多有趣的朋友；处理不好则会引起尴尬，失去很多机会。

（1）寻找共同点

从一个人的服饰、举止、谈吐可以看出他的心情、精神状态和生活习惯。开始谈话前首先看对方与自己有何相同之处。例如，他和你一样都穿了一双耐克气垫运动鞋，你可以以耐克鞋为话题开始你们的谈话。

（2）以话试探

两个陌生人相对无言，为了打破沉默的局面，首先要开口讲话，可以采用自言自语，例如，"天太热了"，对方听到这句话便可能会主动回答将谈话进行下去。还可以以动作开场，随手帮对方做点事，如推下行李箱等；也可以发现对方口音的特点，打开开口交际的局面，例如，听出对方的上海口音，说："上海人吧？"以此话题便可展开。

以话试探时，要避免涉及个人隐私的问题。

初次见面，交际双方都希望尽快消除生疏感，缩短相互间的感情距离，建立融洽的关系，同时给对方一个良好的印象。那么，怎样通过交谈才能较好地做到这一点呢？

（1）营造"自己人效应"

任何人都有这样一种心理特性，同一故乡或同一母校的人，往往不知不觉地因同伴意识、同族意识而亲密地联结在一起，这有利于良好人际关系的形成。因为亲戚老乡这类较为亲密的关系会给人一种温馨的感觉，使交际双方易于建立信任感。特别是突然得知面前的陌生人与自己有某种关系，更有一种惊喜的感觉。这样很容易拉近两人的距离，使人一见如故。从人的心理上来讲，每个人的潜意识中都有一种"排他性"，对自己的或跟自己有关的事物往往不自觉表现出更多的兴趣和热情；跟自己无关的则有一定的排斥性。因而在交谈中这类关系的点出就使对方意识到两人其实很"近"。这样，无论对方位在你上或你下，都能较好地形成坦诚相见的气氛，打通初次见面由于生疏造成的心理上的"设防"。毛泽东主席就常用这种"拉关系"的技巧——建国后接见民主人士时，凡是与他有点亲戚关系的，以及通过师生、故友的关系有些瓜葛的，往往是刚一见着面，没出两三句话，他就爽直地和盘托出其间丝丝缕缕的关系，在"我们是一家子"的爽朗笑声中，气氛融洽了许多，使被接见者备感亲切。

（2）以感谢方式来加强感情

一个同学在跟一个高年级学生接触时的头一句话就是："开学时就是你帮我安置床铺的。""是吗？"那个同学惊喜地说。接着两人的话题就打开了，气氛顿时也热乎了许多。那个高年级同学的确帮过许多人，不过开学初人多事杂，他也记不得了。而这个同学则恰到好处地提到了这一点，给对方很大的惊喜，也使两人的关系拉近了一层。一般说来，每个人都对自己无意识中给别人很大的帮助感到高兴。见面时若能不失时机地点出，无疑能引起对方的极大兴趣。因此，初次见到曾帮过自己的人时，不妨当面讲出，一方面向对方表示谢意，另外无形中也加深了两人的感情。

（3）从对方的外貌谈起

每个人都对自己的相貌或多或少地感兴趣，恰当地从外貌谈起就是一种很不错的交际方式。有个善于交际的朋友在认识一个不喜言谈的新朋友时，很巧妙地把话题引到这个新朋友的相貌上。"你太像我的一个表兄了，刚才差点把你当作他，你们俩都高个头，白净脸，有一种沉稳之气……穿的衣服也太像了，深蓝色的西服……我真有点分不出你们俩了。""真的？"这个新朋友眼里闪着惊喜的光芒。当然，他们的话匣子就随之打开了。我们不得不佩服这个朋友谈话的灵活性。他把对方和自己的表兄并提，无形中就缩短了两人之间的距离，接着在叙说两人相貌时，又巧妙地给对方以很大的赞扬，因而使这个不喜言谈的新朋友也动了心，愿意与其倾心交谈。

（4）通过剖析对方的名字来引起对方的兴趣

名字不仅是一种代号，在很大程度上也是一个人的象征。初次见面时能说出对方的名字已经不错了，若再对对方的名字进行恰当的剖析，就更上一层楼。譬如一个叫"建领"的朋友，你可以谐音地称道："高屋建瓴，顺江而下，可攻无不克，战无不胜，可谓意味深远呀！"对一位叫"细生"的朋友，可随口吟出"随风潜入夜，润物细无声"。或者用一种算命者的口吻剖析其姓名，引出大富大贵、前途无量之类的话，这也未尝不可。总之，适当地围绕对方的姓名来称赞对方不失为一种好方法。

（5）谈自己的失败

聊天最容易在短暂的时间里产生亲密关系。尤其是谈论自己的失败经验，容易引起共鸣，效果更大。注意：不要一味地谈自己成功的经验，这会招来他人反感，表现出你是一个自高自大又爱吹嘘的人。

切入主题后的谈话应注意以下几点：

（1）对话的内容有专门的知识。当你和对方谈到某件事时，你必须对此确实有所认识，否则说起来就会缺乏吸引力，无法让对方感兴趣。

（2）能够用语气明确表达你的愿望，不要使人捉摸不定。有些

◎**形象点拨**

记住，鞋的作用虽然重要，但也不能比全身衣服更夺目，否则远远看上去就像一双鞋自己踱着方步走来。

193

人以为态度模棱两可是一种技巧，其实是相当拙劣的，真正懂交谈艺术的人，都会将自己的立场迅速公开。

（3）常常保持态度中立、客观。按照经验，一个态度中立的人常常可以争取更多朋友，而就算是你的"死党"你也不必口口声声对他表示赞同。

（4）不要说得太多，要想办法让别人多说，当你的态度表明以后，应该让对方也表明他的观点。这样不仅可以让你的谈话能够"对症下药"，更可以让对方获得被尊重感，拉近你们之间的心理距离。

（5）对人亲切、关心，竭力去了解别人的背景和动机。

3.谈话时的态度表情问题

（1）不卑不亢

向对方卑躬屈膝可能得不到对方对你应有的尊，更谈不上留下良好的第一印象；但如果倨傲不恭，对方同样不会对你产生好感。

（2）诚实

初次见面时，说谎、造假可能会赢得对方一时的尊敬和信任，但是迟早会"露馅"的，那时所失去的将会更多。

（3）交谈时的眼神

再也没有比当你对他讲话而他却环顾四周更令人难堪的了。有些人边讲话边环顾四周；而有些人是在听话时东张西望。这两种人都缺乏基本的责任感，即不能做一个好的、注意力集中的听众。在你对任何人讲话时，都要注视对方，不是紧紧地盯着，而是一直看着，这样你的对话者会明白你没有分散注意力。

在别人对你讲话时，千万不要环顾整个房间，即使你在听，也不要表现出对周围发生的事很厌烦或很感兴趣。如果你的听众这样做，你可以停下来并与他一起注视，让他觉得你对他发现的事物也很好奇。如果他问你在干什么，你可以说："哦，我很感兴趣你在看什么。"然后继续谈话，他就会明白你的暗示了。

和初次见面的人面对面谈话，是一件不好受的事。因为两人之间的视线极易相遇，导致两人之间的紧张感增加。而与人交谈时坐在旁边的位置，由于不必一直注视对方，只要在必要时看对方一眼即可，因而便容易轻松下来。因此，和初次见面的对方要增加亲切感时，最好避开和他面对面的交谈方式，而应尽量坐在他旁边的位置。另外，在室内放一盆花，使对方有转移视线的对象，效果会更好。

另外，在交流当中，你还要学会适时地闭上你的嘴。

不要遗憾没有说出来。"闭上嘴让别人认为自己是个傻子比张开嘴什么都说要好。"不要装作什么都懂。真正聪明的人从不急于表明自己的想法。

说话随便的人容易说得太多。有丰富想象力的人总是在言谈中不可靠。另一方面，总是保持沉默的人常在亲密的人中做得很好，但他不会给聚会增添吸引力。在谈话中，中立总是最好的，正如很多事情一样。要知道什么时候该听别人讲话，也要知道什么时候该轮到自己讲话了。

4.沟通测试

用三分钟凭第一印象进行选择，请在你认可的做法前的□内画"√"。

（1）在沟通中，我与对方保持目光交流。

□从不 □很少 □有时 □经常 □大部分

（2）在我与别人说话时，我会让对方陷入思索中，对方也会对我说："这真是个好问题。"

□从不 □很少 □有时 □经常 □大部分

（3）对于一些问题，我会从他人的角度看待和理解。

□从不　□很少　□有时　□经常　□大部分

（4）我认真听，即使我的观点被否定了。

□从不　□很少　□有时　□经常　□大部分

（5）在交谈时，我能够通过观察得知别人的态度。

□从不　□很少　□有时　□经常　□大部分

（6）如果其他人不同意我的看法，我能做到不心烦，特别是其他人没有我有经验时。

□从不　□很少　□有时　□经常　□大部分

（7）当我批评人时，我确信我提到的是人们的行为，而不是人本身，即工作中对事不对人。例如，我将会说"我不同意你对待孩子的方式"，而不是说"你是一个坏父亲"。

□从不　□很少　□有时　□经常　□大部分

（8）我解决问题时，能控制感情。

□从不　□很少　□有时　□经常　□大部分

（9）提供足够信息让对方明白你很在乎这件事。

□从不　□很少　□有时　□经常　□大部分

（10）当下属的工作取得成绩时，我及时表扬他们。

□从不　□很少　□有时　□经常　□大部分

（11）与下属的沟通，我可以做到清楚且能很好地解释他们的想法。

□从不　□很少　□有时　□经常　□大部分

（12）当我不理解一个问题时，会提出疑问。

□从不　□很少　□有时　□经常　□大部分

（13）我与对方交流时会及时给予对方反馈，尤其是在他希望有所反应时，避免对方有独白的感觉。

□从不　□很少　□有时　□经常　□大部分

（14）当沟通出现争议时，我注意改变话题。

□从不　□很少　□有时　□经常　□大部分

（15）在给别人打电话时避免向其提出要求。

□从不　□很少　□有时　□经常　□大部分

选完后，请分别统计"从不""很少""有时""经常""大部分"分别有几项，选择"从不""很少"中任何一项多于九个的，说明沟通技巧亟待提高；选择"有时""经常"任何一项多于九个的，说明还应加强学习沟通技巧，提高自己的沟通能力。选择"大部分"多于九个的，说明已经掌握了部分沟通技巧。

注意你的体态语言 ◀◀◀

仪表、表情、手势这样一些非口头语言因素被统称为态势语言。

人的体态和面部表情，是沟通人际关系的非语言交际形式，是社交风度的具体表现形式，是第一印象的内容之一。粗俗习气的行为举止，会使人失去亲近感，而稳重大方则会受到人们的普遍欢迎。在陌生人面前坐、立、行等动作姿势正确雅观、成熟庄重，不仅可以反映出青年人特有的气质，而且能给人以有教养、有知识、有礼貌的印象，从而获得别人的喜爱。要有意识地控制自己，特别是自我感觉到的一些不雅动作和不良习惯，要尽可能地规矩、谨慎一些。当然，规矩不是拘谨，谨慎不是畏畏缩缩、谨小慎微，应该讲究分寸、做法得体。具体说来，要注意以下几点。

1. 走路姿势要轻松优美

走动时，应当身体直立，两眼平视前方，两腿有节奏地交替向前迈步，并大致走在一条等宽的直线上。两臂在身体两侧自然摆动，摆动弧度不要过大。走姿要求"行如风"，给人以步伐矫健、轻松灵活、富有弹性、令人精神振奋的感觉，切忌两脚擦地拖行、前俯、后仰或左右摇晃。行走时不可把手插进衣服口袋里，尤其不可插在裤袋里。

2. "站有站相"

站立是人类活动中最基本的举止。男士要求"站如松"，刚毅洒脱；女士则应秀雅优美、亭亭玉立。站立时身形应当正直，头、颈、身躯和双腿应与地面垂直，两肩相平，双臂自然下垂于身体两侧，双目平视前方，嘴角微闭、下颔微收；双腿立直，脚跟相靠，两脚尖张开约60度，如果叉得太开是不雅观的。

正确健美的站姿会给人以挺拔笔直、舒展俊美、庄重大方、精力充沛、信心十足、积极向上的印象。

3. "坐有坐相"

坐姿要求"坐如钟"，指人的坐姿像座钟般端直。优美的坐姿让人觉得安详、舒适、端正、舒展大方。例如，在面试时要坐在主考人员指定的座位上，不要挪动已经安排好的椅子的位置。入座时要轻、稳、缓。女士入座时，若是裙装，应用手将裙子稍稍拢一下，不要坐下后再站起来整理衣服。一般从椅子的左边入座，离座时也要从椅子左边离开。在身后没有任何依靠时上身应正，稍向前倾（这样既可发声响亮、中气足，令人觉得你有朝气，又可表现出你对主考人感兴趣、尊敬），头平正，目光平视；两膝并拢，两臂贴身自然下垂，两手随意放在自己腿上，两脚自然着地。背后有依靠时，也不能随意地把头向后仰靠，显得很懒散的样子。就座以后，不能两腿摇晃，或者一条腿放在另一条腿上，双腿要自然并拢，不宜把腿分得很开，女性尤其要注意这一点。

你坐着的时候，要尽量把背挺直些，将双脚靠近。当你舒服地坐着时，不能降低自己的身份。当你听你对面或旁边的人谈话时，你可以摆出一种轻松的而不是紧张的坐姿。

人的体态和面部表情，是沟通人际关系的非语言交际形式，面试成功与否和表情关系很大。应试者在面试过程中应轻松自然，镇定自若，给人以和悦、清爽的感觉。

从体态上说，上身倾向于对方，表示兴趣与热情，也显得谦逊有礼；身体后仰，显得坦然随便，有时又会显得过于傲慢；侧转身子，表示嫌恶与蔑视；背朝对方，则很不礼貌，意味着不理不睬了。

在面部表情上，自然的微笑是友好热情的表示，可体现出热情、开朗、大方、乐观的精神状态；如果肌肉紧绷，面若冰霜，那么就是心有敌意或者过分拘谨了，会令人觉得难以接近。

在说话语调上，语气应柔和自然，诚恳友善，切不可面露谄媚、猥琐和低声下气的表情企图以鄙薄自己来取悦对方，这样做只能是降低自己的人格。

在对方提问时，不要左顾右盼，也不要直盯对方或以眼尾瞟人。切忌面带疲倦，哈欠连天。不要窥视主考人员的桌子、稿纸和笔记，保持眼神自然。

为了吸引听者的注意力，使言谈显得有声有色和增强感染力，在回答问话时，可以适当加进一些手势，但动作不要过大，更不要手舞足蹈和用手指指人。

朴实大方、温文尔雅的行为能正确地表达你的愿望，粗俗不雅的动作使人讨厌，给人留下不愉快的印象。

◎形象点拨

作为一名在职场打拼的职业人士，每天保持仪容整洁是最基本的要求。因为职场不同于家庭，家庭是个放松身心、休养生息的地方，在家里可以随便一些，甚至邋遢一些，但在职场却要打起十二分的精神完成社会赋予的责任。

把握你的手势语言 ◀◀◀

一般来说，做手势的目的是进行强调和进一步澄清某个信息，可以用来辅助语言表达。有效地使用手势语言，会使个人魅力更有生气，给人留下深刻难忘的印象。

手势语是通过手和手指活动传递信息，是态势语言的重要表达方式。手势变化形态多，表达内容丰富，具有极强的表现力和吸引力。第二次大战期间，英国首相丘吉尔在结束电视演讲时，举起握拳的右手，然后伸出食指和中指构成"V"形，以象征英文"胜利"（victory）一词的开头字母，结果引起全国欢呼。因为这手势十分形象地表达了英国人民战胜法西斯的必胜决心和信心。

用手势来增加魅力也是因为手势能表达一个人在交际时流露的感情。

以下为可能增强你的印象魅力的非语言手势：

用力在空中挥动拳头，表示"我们去干吧"！

伸出一个手指作为指示棒以强调某一点或向别人指路。

伸开手掌拍打对方的手，表示极力同意或表示祝贺。

向上跷起大拇指，表示极力赞成。

伸出食指和中指，让它们形成"V"字形，其余的手指聚拢，表示胜利。

向上伸出两条胳膊，每只手的食指和中指也伸成"V"字形，表示团结和胜利。

不停地在空中做出与地板成垂直方向的、短暂的、有力的手势，以示强调某一点。

把胳膊的上半部靠近身体，然后向前做出小幅度的攻击（就像职业拳击手在钳住对手时做出的身体攻击一样）表示极力同意。

两只手掌向前伸出（就像推一件很重的物体一样），有力地表达这样的信息："我再也不想听这个了。"

搔后脑勺通常表示这个人感到困惑，但容易给人留下热情、谦恭的印象。

当轮到你说话时，可以先通过手势来吸引听者的注意力，强调你谈话内容的重要性。

你可以：

1.身体前倾，把手肘撑在桌子上，将手指头轻轻并拢；

2.摘下眼镜，然后强调你的论点；

3.用手轻快地掠掠头皮。

但你绝不要：

1.身体后仰，以典型的答辩的姿态把双臂抱在胸前；

2.擦碰鼻子；

3.清理嗓门；

4.用手遮掩嘴巴；

5.让口袋里的钥匙或硬币叮当作响。

花点时间检查一下积极的和消极的手势，你将发现，积极的手势将不只使你的自我感觉良好，而且也使你和听众更接近；而消极的手势将把你与听众的距离拉开。

注意你的表情 ◀◀◀

一个人给别人的印象，差不多在第一次见面时80％左右已经成定局了。有的脸孔给人的印象好，有的却给人印象不好。据说人类的脸会在不知不觉中模仿对方的表情，如果你紧绷着脸的话，那么，你面前的人也会模仿你的表情，跟你一样紧绷着脸。有人说，幸福美满的夫妻，两人的面部表情一定非常相似。因为他们总是生活在一起，天天面对面相看，为同一件事感到高兴，久而久之，他们的表情便非常相似了。在我们每天出门前，对镜子检查一下自己的面相、表情，或许就能改变一下自己给别人留下的第一印象了。

表情会随着心情、场合不同而有所变化，一个心里哀戚的人，表情必然悲伤；反之，如果一个人心里愉快，表情也必然如和煦春风。但是有时也得考虑场合，比如，去参加他人的喜宴，即使当时心情极端恶劣哀痛，也应当压抑自己原本的情绪，配合周围的气氛。

当然表情必须顺其自然，唯有内心真情流露，才是叫人认同的表情。《论语》中有："祭思敬，丧思哀，其可已矣。"也就是说内心的感受才是最真诚的表情。

表情也可以在没有情感体验的情况下出现。如表示礼貌的微笑，机械的点头示意等；情感体验与表情往往不一致，有时甚至相反，如强颜欢笑或脸上不动声色而心中暗喜等。这种复杂情况告诉我们，如果要正确了解一个人，单凭表情、动作往往是不够的，还必须把表情和情感发生的真实环境联系起来考虑，才会有正确的结果。

表情归纳起来可分为两种：眼神和微笑。

眼神是指通过眼睛的各种变化来传递某种信息的身体语言。眼睛是心灵的窗户，是人体传递信息最微妙最精确的器官，人的喜、怒、哀、乐等深层心理情感都能从眼神的微妙变化中反映出来，而且能表达出最细微、最精妙的差异。

在交往中，眼睛被对方注视得最多。两个人见面时即使没有开口说话，从目光上就可以判断出心理上占优势的一方。所以在第一次与人见面时要善于有效地运用自己的视线，也要学会了解对方视线的含义并随时调整自己的视线。眼睛可以直视对方，但不要引起对方的不愉快，在异性交往中尤其要注意。

没有什么比你看着对面或旁边的人的方式更能说明你的信心了。当你与对方交谈时，无论你觉得怎样的害怕或踌躇，都要看着对方。在直接凝视着对方的同时，带着一种友好的微笑。因为专心地注视着对你说话的人是非常重要的，再也没比这么做更具恭维效果了。

这样，你将更容易说出任何你必须说的事情。

自然，这种直接的注视，不应是死死地盯着，更不应去玩那种"居高临下地俯视别人"的把戏。你也不能老是盯着与你交谈的人，而要不时地移开一下视线，否则，将会使对方感到极为不安。不过，在转移视线时，不应去看地板，因为这很容易被人视为缺乏安全感和稳定性；也应避免目光游移不定，因为如果你东张西望，不让目光在谈话对象身上停留一定的时间，无异于向对方表示自己的注意力已转移到别处了。

有关专家认为，你用眼睛看着他人身体的不同部位，对于你同他们的交往性质和交际效果会产生不同的影响。对于推销员来说，则直接关系到其工作能否顺利展开，其行销意图能否实施。

如果是商谈工作、洽谈业务、磋商交易和贸易谈判等场合，你的眼睛应看着对方脸上的三角部位。这三个角是以双眼为底线，上顶角到前额。谈判时，如果你看着对方的这个部位，便会显得严肃认真，而对方则会觉得你有诚意，这样，你能容易把握谈判的主动权和控制权。

如果是舞会以及各种类型的友谊集会，眼睛也应看着对方脸上的三角部位。只是这个三角是以双眼为上线，嘴为下顶角，也就是在双眼和嘴之间。当你在集会上和对方交谈时，你看着对话者的这个部位，自己会显得轻松，而对话者会感到友好，从而形成和谐的社交气氛。要提醒你注意的是，在跟对方公事交谈时，千万不能看着对方双眼和胸部之间的部位，尤其是胸部周围，这个部位只有恋人才合适，而对陌生人，就有些出格了。

"微笑是世界上最受欢迎的语言。"马克斯·伊斯特曼如是说。

我们不会有第二次机会去营造美好的第一印象，在开始的几分钟内，我们的行为举止已经决定了别人是否愿意花时间与我们相处。

你想不想知道怎样介绍自己才会令人对你有兴趣？你想不想知道如何在和别人交往的前五分钟让彼此感觉轻松自在？答案很简单，那就是微笑。

通常我们和别人初次见面时都想向别人证明自己是值得别人投注时间、兴趣与关注的对象，这使得我们整个人都紧绷起来。这种想取悦别人的压力会造成一种紧张的气氛，和轻松的关系形成了强烈的对比，其实这时你需要做的也就是微笑。

心理学研究发现，人们最容易给微笑以回报，这几乎是一种本能。成人以微笑面对婴儿，婴儿也会以微笑回报他；有时候，婴儿总是朝你甜甜地笑，成人就是心里再满天乌云，也会云开雾散，脸上露出笑容来。你也可以做一个小小的实验：今天你面带微笑，明天你满脸乌云，你肯定会有两种回报。有心理学家说，人际交往中的表情是挂在路口的一块路牌，面带微笑等于在告诉人：此路畅通；面目呆板等于在告诉人：此路不通。所以说，微笑是人际交往最好的通行证。

微笑是善意的象征，它可以使自己和对方明朗、活跃，对对方产生很大的吸引力。俗话说，恶语不伤笑脸人。所以，微笑比言语更能体现一个人的心情。

在我们身边，与人交谈面带笑容、听人说话时表现出专注神情的人一般都是人际关系很好的人。表情不仅可以充分展示自己的人格和修养，还可以弥补自身的一些先天不足，也可以掩盖自己的一些缺点。蒙娜丽莎式永恒的微笑会使一些人成为交往中的常胜将军。著名交际学家戴尔·卡耐基说过：要学会微笑。

一位大学生被分配到一家集体工厂工作。当他来到这个工厂的时候，没有因为工厂设备简陋而感到沮丧，他微笑着对厂长说："我能够来到这里工作，心里很高兴，我一定努力做好工作，请多多关照。"厂长喜笑颜开，十分高兴，表示了非常热情的欢迎。这家工厂虽然生产情况尚好，可厂房、设备、住房等条件都不太好，又是属于"集体"单位，以前也曾分过两位大学生来厂工作，但这两位大学生总是愁眉苦脸、精神不振，过不多久都先后调走了。厂长见到这位大学生如此态度，不禁肃然起敬，立即委以生产工艺负责人的重任。在这里，这位大学生的"微笑"也起了一种很好的媒介作用，使别人从见到他的第一分钟起就感受到他的热情开朗的性格和良好的精神面貌，对他自然而然地产生一种亲切、信任的直观感觉，留下了很好的印象。

而适当地运用诸如"握手""微笑"这样一些非语言交际的媒介，可以大大地缩短人与人之间的心理距离，迅速增进亲近感。生活上，不管是和相识的或不相识的人在一起，不管是去找人办事，还是想结识新伙伴，亲切的握手和热情的微笑都会像一缕霞光给人以温暖，使人感到轻松愉快；而冷漠的、古板的态度只会让人感到难堪，产生拒于门外的隔膜心理。这是谁都有过的生活体验。日常相处是如此，更何况是结交朋友呢？

亲切的微笑是向对方表达自己愉快心情的外露，结识朋友，面带微笑，表达的是友好、诚恳的信号。但如果不分场合、不问对象，在长辈面前放肆大笑、在初会女友时挤眉诮笑、在公共场所高声哗笑等，则都是轻狂的表现，只会带来适得其反的效果，给人不好的印象。印象，可能是对一个人正确的看法，也可能是一种偏见，可偏见一旦留在别人的脑海里，就会产生消极的"定式"，影响对一个人作出客观正确的评价，这是不值得的。

当你读完这一段文字后，你就把书放下，走到一面镜子前面练习一下怎样做出惹人喜欢的表情。记住！一定不要移动你脸上的哪怕是一块肌肉，要保持着原来的表情。如果当时你的眼睛是毫无光彩的，就让它毫无光彩；如果你的嘴角是向下耷拉着的，就让它耷拉着。你要像别人所看见你的那样看见你自己。好，现在瞧一瞧你的尊容吧。

对你自己的表情满意吗？当然你是不满意的吧。那么你试着把下颚放坚定些，眉毛略放低些，再微露一个笑容，看看怎样，是不是漂亮多了，精神多了？是的，老兄，你那副经常性的表情，或者也许是缺少表情，应该改变一下才是。

只要你勤于练习，以后就可以忘掉镜子。记住，你的脸部表情是你内心的流露，一旦你头脑中想到一些愉快的念头，你的脸上就会流露出愉快的神情来，如果你能经常怀有这种想法，你的面孔就会永远愉快。多注意你周围所发生的事，你的脸就会变得活泼起来。内心充满了自信，你的神情就会从容不迫。

◎**形象点拨**

千万不要认为穿上名牌了身份就会跟着高贵起来。名牌之所以好看或者之所以高贵，是因为"你穿起来好看、穿起来高贵"，而不是"这件名牌衣服好看"或者"高贵"。

千万不要吝啬你的赞美 ◀◀◀

当你想和一个人成为朋友的时候，你所想的是希望对方接受你。其实，有的时候，并不是你自己这么想就每一个人都会如此想。关键是要找到一个开始的方法。如果你不太擅长，就从赞扬对方的优点开始吧！你想和他成为朋友，他身上自然有吸引你的地方，这就是他的优点。慷慨地赞扬，会让你轻易地获得意想不到的友谊。你可以想一下，当你与素不相识的人初次见面，这位新朋友夸你衣服好看，人有气质，有风度，你是不是马上笑逐颜开，给这人的第一印象上加了分呢？

心理学家说，赞扬能释放一个人身上的能量，调动人的积极性。"赞扬能使羸弱的身体变得强壮，能给恐怖的内心以平静与依赖，能让受伤的神经得到休息和力量，能给身处逆境的人以务求成功的决心"。有报载，一位欧洲妇女出门旅行，她学会了用数国语言讲"谢谢你""你真好""你真是太棒了"等，所到之处，都受到热情接待。真心真意、适时适度地表示你对别人的赞扬，能够增进你的吸引力。

要赞美别人并不是勉为其难的事，因为每个人都有他自己的优点，都有比我们强的方面，都能为我们带来有用的信息，都可能在某一方面对我们有所帮助，想到这些，我们就不难做到真诚地对别人感兴趣，对别人微笑。我们知道，每个人都需要自己的价值被别人承认，那么我们就不要吝啬赞赏、表扬的话语。如果我们能做到这几点，那么我们不但能给别人留下积极、深刻的良好印象，也会得到别人的真诚回报。

操作好你的声音语调 ◀◀◀

想要通过谈吐来建立良好的第一印象，首先要分析自己的声音，研究一下自己的声音效果，因为说话的速度、语调、声音的大小、音质和口齿清晰度等特点，在传递信息的过程中，和说话方式、说话内容同等重要。

拿语调来说，同样的句子，用不同的语调处理，可以表达不同的情绪，收到不同的效果。比如，在面试时问你是否能完成一件比较困难的工作时，用中等速度适当提高音量回答"我可以试试"，与用慢速轻声回答"我大概可以试试"，给人的感觉就会大不一样。前者充满自信，而后者会让人感到缺乏信心。有研究说，使用上扬语调易给听者造成悬念，提高他的兴趣，但若持续时间过长会引起疲劳。而降调能表现说话人的果敢决断，但有时也会显示他的主观武断。

再比如语速，适宜的语速并不是从头到尾一成不变的速度和节奏，而是要根据内容的重要性、难易度以及对方的注意力情况来调节语速和节奏。

我们要使别人对自己的声音有好感，应当注意四个方面。一是会根据房间大小、听众人数、噪音量、说话内容以及本人的情绪来决定自己的说话速度，同时要学会停顿。二是要能控制声音的大小，保证自己的音量既能强调重点，又能让对方了解谈话的内容，因此，高亢和低沉各具魅力，关键在于要适合当时的环境。三是要消除破坏音质的因素，让自己的音质成为对方注意的因素。四是要咬字吐句清晰，首先让对方容易听懂。

声音有力，语调一致，没有停顿，往往是权利、控制力和自信的表现；相反，声音低弱、含混不清会让人听起来缺乏自信。同时避免发出令人讨厌的声音。美国的声音教练杰弗里·雅克比在全国范围内抽样调查了1000名男女，问他们："哪种声音让你们最讨厌、最反感？"得到的答案是嘀咕、抱怨或唠叨的声音。雅克比发现，人们通过发音的方式来判断别人。他说："我们花了很大一部分精力去考虑自己的衣着、外表，但是，人们却更多地通过声音而非衣着来判断我们的智力。"

为了改进你的音质，可以尝试下列自学技巧：

把自己的声音录在磁带、录像带或语音系统上，然后反复地听，反复说同样的信息，直到自己满意，认为听上去非常自信而且很有魅力为止。

在听自己的声音时，找出存在的一些问题。

1.你是否说得太快？如果是，可能会给听众一种神经质的印象；

2.你是否讲得太慢？如果是，可能会给听众一种你对自己所讲的缺乏把握的印象；

3.你是否含糊其词？这是一种缺乏安全感的明确标志；

4.你是否用一种牢骚的语调说话？这是一种自我放任和不成熟的标志；

5.你的声音太高而刺耳吗？这是神经质的又一种标志；

6.你用一种专横的方式说话吗？这意味着你是固执己见的；

7.你用一种做作的方式说话吗？这是一种害羞的标志。

每星期花几次时间想象你在跟同事们讲话，练习使用你认为能传达你个人魅力的音质。

向语言治疗专家或教练咨询，让他们帮助你识别声音中会影响你形象的因素。

使音质发生很大的改变要花上数年时间，因为一个人的声音由许多长期、根深蒂固的习惯组成。但是，仅仅改变你最坏的习惯中的某些方面，你就能取得明显的进步。例如，训练自己发音时唇形的变化，你就会从实质上减少那种许多年来使朋友们厌烦的啰嗦不清的毛病。

最有效果的声音，是诚挚自然的，饱含着信心与精力，还隐含着一种轻松的微笑。

会一点临别加深印象术 ◀◀◀

离开别人的家时，如果你刚刚走出门外，就听到对方把门"嘭"的一声重重关上，即使在家受到相当热情的接待，也会觉得像被泼了一盆冷水，十分扫兴，大概很多人都有这种体验。也许这只是对方的一时疏忽，但自己却会怀疑人家是否不欢迎自己，于是给当初良好的第一印象画上了一个问号。

事实上，分手的一个小动作可能会完全改变给对方的印象。在分手时，加上一些对本次会面的感想，往往给人良好的第一印象。

日本多湖辉先生曾讲过一位女演员给他留下很深刻的第一印象。深刻的原因是女演员最后的一句话。那位很注重细节的女演员一开始就和多湖辉谈得很愉快，在分手时，她还不忘说："通过与先生交谈，我明白了很多事情，你的意见可作为我今后工作的参考，真是谢谢你！"就是这些临别的话让多湖辉先生一直忘不了她。

善于抓住初次见面者的心，使对方产生好印象的人，通常也善于应用分手的心理战略。

分手前还可以设法扭转对方的不良印象。

日本前首相田中角荣应付请愿团颇有一手。当他接受请愿时，不去送别请愿者。而当无法接受请愿时，他会客气地把他们送到门口，并与他们一一握手告别。没有达到目的的请愿团受到首相的殷勤相送，心中自然有说不出的舒坦，甚至会怀着感动的心情离去。

这个现象可以用心理学的"记忆的系列位置效应"来解释。一般来说，最初和最后的话题，所形成的记忆效果最好。即使中间的记忆和印象不好，只要加强最后的记忆和印象，也会成为整个记忆和印象，永远保留下去。

俗话说："结果好，一切都好。"初次与人见面时，应该注意自己分手时的一举一动。即使你一开始就得罪了对方，使对方不快，但只要在分手时能给对方留下好印象，就能抵消过去，在对方心中留下美好的印象。

所谓临别之际的印象，早已随着当事人的人格或品德定型。同样是离席，"真是个难应付的家伙呀！"既有人受到了这种批评，"这家伙的确令人欣赏。"也有人博得这样的赞赏。即使陪坐至终席，"那家伙真耐坐，拖拖拉拉地不早点离开。"也有人会如此遭人讥讽。

第8章

从修养习惯开始注意你的形象

第一次见面，有人仪表堂堂，讲话滔滔不绝，却不让我们喜欢，而有人不言不语，就那么站着或坐着，却带给人一种特别的感觉和深刻的印象，甚至还能令人毫无保留地对他产生信任感。出现这种情况的原因是什么呢？就出在人的内在素质修养上。

◎形象点拨

有时成功与失败之间的距离也许就在生活习惯及不经意流露的细节中。我们的生活是由各种微小的细节组成的，细小的事物总能引发出伟大的结果。

内在修养决定第一印象 ◀◀◀

一个人的言谈举止、音容笑貌都是内心素养和美的外在体现，该行则行，该止则止，该坐而坐，该说而说，做事稳重而有分量，待人热情而有分寸，礼貌而又不拘小节。

它不是自模拟得之，更不是装腔作势的结果，而是人们在长期的生活和学习中所形成的良好性格、气质的自然流露。要增强自己第一印象的魅力，关键还在于丰富自己的内在修养。

外表的漂亮并不是绝对的，比如，外貌的吸引力对于男性就比女性更为重要。男性更多地受女性外貌的影响，而男性的外貌对于女性的影响就要弱一些。更能说明问题的是，一个人的内在素质有时会影响他的外貌。一所大学曾经邀请一位身高170厘米的工人和一位只有165厘米的哲学家同时给学生作报告。事后经过调查，发现所有学生都认为哲学家比那位工人长得高。虽然这里并不排除两个人在衣着打扮上的美感效应的差异，但更重要的还是演讲内容、知识修养等内在因素的影响。正所谓"情人眼里出西施"，人与人之间内在素质的吸引力往往比外表的吸引力更强。

心灵的内在美可以给对方留下难以磨灭的印象，能引起对方内心深处的激动，打下深刻的烙印。它操纵、驾驭着外在美，是人之美的源泉。有了内在美的存在，人才能真正成为完美的人，才能让人产生由衷的美感。灵魂比身体具有的美可能还要多。孟子将内在美理解为"充实""充实之谓美，充实而有光辉之谓大"，人们如能"善养吾浩然之气",就能不局限于有限的身体而腾跃到内心充实的境界。内在美比外在美具有无可比拟的深度与广度。

神形兼备才是最佳形象 ◀◀◀

对一个人的形象来说,外表的美丽与精神内涵的统一才是完美的。古希腊的哲学家德谟克利特就说过:"身体的美若不与聪明才智相结合,便是某种动物性的东西,偶然的穿戴和装饰看起来很华丽,但是,可惜!它们没有心。"

虽然,人的外在美和内在美具有相对独立的审美价值,但是,其内秀与外美必须是共同存在的。不要以为第一印象只是反映一个人的外在就不重视内在素质修养的提高,只有表里如一的美才是真正的美。一个人乍一看——容貌端正、仪表堂堂、体态健美,再一开口却是言语粗俗,没有礼貌,而且是站没站相,坐没坐相,这样的人你能对他有好印象吗?

而且,相互杂糅的内在心灵与外在形貌是很难让人对其整体产生和谐之美感的。"一个丑陋的身体和一个优美的心灵正如油和醋,尽管尽量把它们拌和在一起,吃起来依然油是油味,醋是醋味。它们并不产生第三种东西,那身体讨人嫌,那心灵引人喜爱,各走各的道。"

神形兼备体现的是内在美与外在美的和谐统一。过分强调"外包装",注重"脸蛋靓",在乎"身段好"……但这些都不足以使人发生美的质变。不要费时费力之后仍是"败絮其中",一肚子草莽。加强个人内在修养和丰富个人内涵才能增加人的"含金量",

达到神形统一和谐的美。

人们在公共场合的仪表体态、言谈举止，常常反映出一个人的内在素质和修养。特别是当你作为国家、政府、政党、团体、企业的代表进行对外活动的时候，在这方面给人的印象往往成为相互间进一步了解和交往的重要依据，所以要特别重视神形的和谐统一。

守时绝对是一种修养 ◀◀◀

"守时"，既是一种必不可少的品格修养，也是一种行为规范。无论是开会、赴约，有教养的人从不迟到，他们懂得，即使是无意迟到，对其他准时到场的人来说也是不尊重的表现。而且，不准时的人，还会让人感觉没有责任感，这就很难取得别人的信任。

1779年，德国哲学家康德计划到一个名叫珀芬的小镇去拜访朋友威廉·彼特斯。他动身前曾写信给彼特斯，说3月2日上午11点前到他家。

康德是3月1日到达珀芬的，第二天早上便租了一辆马车前往彼特斯家。朋友住在离小镇12英里远的一个农场里，小镇和农场中间隔了一条河。当马车来到河边时，车夫说："先生，不能再往前走了，因为桥坏了。"

康德下了马车，看了看桥，发现中间已经断裂。河虽然不宽，但水很深而且结了冰。

"附近还有别的桥吗？"他焦急地问。

"有，先生。"车夫回答说，"在上游六英里远的地方还有一座桥。"

康德看了一眼怀表，已经10点了。

"如果走那座桥，我们什么时候可以到达农场？"

"我想要12点半。"

"可如果我们经过面前这座桥，最快能在什么时间到？"

"不用40分钟。"

"好！"康德跑到河边的一座农舍里，向主人打听道："请问你的那间破屋要多少钱才肯出售？"

"您会要我简陋的破屋，这是为什么？"农夫大吃一惊。

"不要问为什么，您愿意还是不愿意？"

"给200法郎吧！"

康德付了钱，然后说："如果您能马上从破屋上拆下几根长的木条，20分钟内把桥修好，我将把破屋还回给您。"

农夫把两个儿子叫来，按时完成了任务。

马车快速地过了桥，在乡间公路上飞奔着，10点50分赶到了农场。在门口迎候的彼特斯高兴地说："亲爱的朋友，您真准时。"

遵守时间，这是最基本的礼貌。尤其当我们是第一次约会时，你是否准时也是别人对你第一印象好坏评断的要素之一。

从现在起我们就应该建立严格的时间观念，把守时作为人生修养的必修课，这样，才能让生活更加有序。

尊重别人，自己受益 ◀◀◀

初次见面，尊重别人是起码的礼貌要求。

人都有一定的自尊心，你要想别人尊重你，你首先便要尊重别人。一个不尊重别人的人，是绝不会得到别人的尊重的。在交际交往中，我们待人的态度往往决定了别人对我们的态度，就像一个人站在镜子前，你笑，镜子里的人也笑；你皱眉，镜子里的人也皱眉；你对着镜子大喊大叫，镜子里的人也冲你大喊大叫。所以，我们要留给他人好印象，得到他人的尊重，首先必须尊重他人。

要做到尊重他人，首先必须平等地对待每一个人。心理学研究表明，人都有交友和受尊重的欲望，交友和受尊重的欲望都非常强烈。人们渴望自立，成为家庭和社会中真正的一员，平等地同他人进行沟通。如果你能以平等的姿态与人沟通，对方会觉得受到尊重而对你产生好感；相反地，如果你自觉高人一等、居高临下、盛气凌人地与人沟通，对方会感到自尊受到了伤害而拒绝与你交往。

在人际交往中，要想给人留下好印象，记住要学会尊重别人，把这种尊重体现在你的穿着、言谈和行为举止上。

学会用谦虚来与人沟通 ◀◀◀

对于我们而言，如果第一次见面碰到一个目中无人、狂妄自大的家伙，那么可以肯定地说，交往绝不会有第二次了。我们提倡在交往时要谦虚一些，这是对别人的一种尊重，也是结识他人并给他人留下好感的有效方法。

和他人初次谋面，而且对方是自己渴望认识的对象时，谁都会感到紧张，但是你不可能在一转眼间就想得出中听的话题。因此，你务必保持着随时见面都胸有成竹的决心，随时做好心理准备。

既然你一心想见到对方，你内心感到有兴趣并且想询问对方的问题必然十分丰富。如果你向对方问道："请问您目前从事哪方面的工作？"无论是谁，肯定心想"这个人对我根本一无所知嘛"！

这是十分失礼的事情。即使实际上是你一向渴望认识的对象，倘若冷不防地提出这样的问题，你的热诚根本无法传递出去。

如果能充分准备好问题，提出具体的内容，对方必定会愉快地想："这个人很关心我，而且还仔细调查过啊！"如此一来，初次谋面的印象必将加强，彼此或许能发展出更亲密的关系。即使你没有想提出的问题，也不妨找些双方都感兴趣的话题来交流一下。

由于有人缘的人每天会见的对象相当多，因此不容易简单地记住你的特征，但是只要你采取印象强烈的会面方式，下次有机会再碰面时，对方必然会记得你。

职场新人，要给同事一个好的第一印象，使得以后的交往顺畅，可以找对方商量事情或向对方请教某事。"关于此事，我想向你请教一番"，向人低头请教乃是基本原则。

自己熟知的事情被别人请求指导时，人们的自尊心自然会得到满足。这种事情并不只限于高尔夫球的挥杆技巧，即使关于工作上的秘诀，但凡受人央求指导时，几乎没有人会这么说："真讨厌，要求过分！"

向人低头请教的举动，必定可以拉近彼此的距离。它也具有从对手身上吸取各种知识的优点。反之，如果是自己主动前往提出忠告，抑或提出对方完全漠视的意见时，是无法与对方缔结情谊的。

对于个人而言，向对方请教，是一种知识经验的收获，而且，在对方眼里，由于你的虚心求教，也加深了他对你的印象。

培养自己身上一些迷人的个性 ◀◀◀

什么使得个性能够吸引人？让我们在此发掘其中的真相。你的个性是你的特点与外表的总和，这些也就是你和其他人所不同的地方。你所穿的衣服、你脸上的线条、你的声调、你的思想、你由这些思想所发展出来的品德，所有这一切都构成了你的个性。

你的个性是否令人喜爱，是另外一回事。很显然，你个性中最重要的一部分就是你的品格所代表的那一部分，也就是外表上看不出来的那一部分。你的衣服式样，以及它们是否适当，毫无疑问地构成了你个性中很重要的一部分，因为人们都是从你的外表获得对你的第一印象。即便是你握手的态度也密切关系到是否将因此吸引或排斥和你握手的人。你眼中的神情也构成你个性中的一个重要部分，因为有些人能够由你的眼睛看穿你的内心，看出你内心深处的思想，看出你最隐秘的念头。

你也许会以最漂亮、最新款式的衣服来装扮自己，并表现出最吸引人的姿态。但是，只要你内心存在着贪婪、妒忌、怨恨及自私，那么，你将永远无法吸引任何人，只能吸引和你同类的人。物以类聚，人以群分，因此，你可以确定，被吸引到你身边来的，都是品格与你相同的人。

你也许可以做出一个虚伪的笑容，掩饰你真正的感觉，你也许可以模仿表现热情的握手方式，但是，如果这些"吸引人的个性"的外在表现缺乏热忱这个重要因素，那么，它们不但不会吸引人，反而会令人逃避你。

拿破仑·希尔认为，真正迷人的个性必须具备以下几个要素：

1.养成使你自己对别人产生兴趣的习惯。而且你要从他们身上找出美德，对他们加以赞扬；

2.培养说话能力，使你说的话有分量，有说服力。你可以把这种能力同时应用在日常谈话及公开演讲上；

3.为你自己创造出一种独特的风格，使它适合你的外在条件和你所从事的工作；

4.发展出一种积极的品格；

5.学习如何握手，使你能够经由这种寒暄方式表达出温柔与热忱；

6.把其他人吸引到你身边，但你首先要使自己"被吸引"到他们身边；

7.记住：在合理的范围之内，你唯一的限制就是你在你自己的头脑中设立的那个限制。

在这7项因素中，第2因素和第4因素是最重要的。

如果你能具有这些好的思想、感觉以及行动，便可以建立起一种积极的品格，然后学习以有力及说服性的方式来表达你自己，那么你将展示出迷人的个性。因为你将可以看到，从这里面可以发展出其他美德。

◎**形象点拨**

那些看不到细节、不去细致工作的人，必然缺乏认真的态度与扎实的精神，对工作只能是敷衍了事。他们无法把工作当作一种乐趣，因而在工作中缺乏热情，只能是被动消极地应付，最终的结果是一事无成。

　　具有积极品格的人自然有很大的吸引力，而这种力量有时看得到有时看不到，但只要你一走近这种人，即使他一句话也没有说，你仍会感觉到那"看不到的内心深处的力量"。

　　"与他人友好相处"的好处并不在于这个习惯可否为你带来金钱或物质上的收获，而在于它能对养成这个习惯的人的品格产生美化的效果。你自己和蔼可亲，你将会使其他人感到快乐，你也会得到快乐，而这种快乐是无法以其他任何一种方式获得的。改掉你自己喜欢吵架的脾气，不要向人挑战，不要进行没有用处的争吵。摘掉你用来看生活的"忧郁"的有色眼镜，使你看清楚生活中的明媚阳光。把你的铁锤丢掉，停止敲打，因为你一定知道，生活中的大奖是颁给建设者而非破坏者的。

　　建设房子的是艺术家，把居室拆掉的是买卖破铜烂铁的旧货商。如果你是一个有着满腹牢骚的人，这个世界将不会乐意听你诉说你尖酸刻薄的"胡言乱语"。但是，如果你是一个带着友好和乐观的人，这个世界将会很高兴地聆听你说的每句话。拿破仑·希尔指出，满腹牢骚的人绝不会是一个具有迷人个性的人。

　　综上所述，迷人的个性所具有的积极品格如下：

　　1.善于谈话；

　　2.懂得微笑；

　　3.不吝惜自己的同情。

自我修养是对自己的一种投资 ◀◀◀

　　自我修养是一种实践活动，是对自我的投资，自我品格的修养要敢于同自我作斗争。

自我修养是一种品质。如果一个人没有具备自我修养的品质，即使他具备其他一切成功者的素质条件，也是毫无价值的，也根本不可能成为成功者。因为，即使你有自我促进的愿望，即使你自己处于最佳状态，即使你设想登陆南极，如果没有百折不挠的修炼，那你将永远不能达到自己所定的目标。

1.自我修养的实质

自我修养能培养或打破一种习惯，它能使你的自我意象或思想产生持久的变化，帮助你达到目标。自我修养反复用语言、图画、观念和情绪告诉你，你正在赢得每一个重要的个人胜利。归根结底，自我修养是一种自我暗示，是一种思想的实践。

2.自我修养的作用

可用一个例子来说明。《读者文摘》杂志前几年曾报道过一个中学的篮球队的故事。他们做了一个实验，把水平相似的队员分为三个小组，告诉第一个小组停止练习自由投篮一个月；第二组在一个月中每天下午在体育馆练习一小时；第三组在一个月中每天在自己的想象中练习一个小时投篮。结果，第一组由于一个月没有练习，投篮平均水平由39%降到37%；第二组由于在体育馆坚持了练习，平均水平由39%上升到41%；第三组在想象中练习的队员，平均水平却由39%提高到42.5%。这真是很奇怪！在想象中练习投篮怎么能比在体育馆中练习投篮要提高得快呢？很简单，因为在你的想象中，你投出的球都是中的！成功者就是这样，在办公室、运动场不断地锻炼自己，创造或模拟每一个他们想要获得的经历，模拟成功，慢慢地，他们就真的走向成功了！

3.曾子讲自我修养的三个重点

第一点："动容貌，斯远暴慢矣。"就是人的仪态、风度，要从学问修养来慢慢改变自己，并不一定是天生的。暴是粗暴，慢是傲慢、看不起人，人的这两种毛病差不多是天生的。尤其是"慢"，人都有自我崇尚的心理，讲得好听一点就是自尊心，但过分了就是傲慢。傲慢的结果就会觉得什么都是自己对。这些都是很难改过来的。经过学问修养的熏陶，粗暴傲慢的气息自然化为谦虚、祥和的气质。

第二点："正颜色，斯近信矣。"颜色就是神情。前面所说的仪态，包括了一举手一投足等站姿、坐姿，一切动作所表现的气质；颜色则是对人的态度。例如，同样答复别人一句话，态度上要诚恳，至少面带笑容，不要摆出一副冷面孔。"正颜色，斯近信矣。"讲起来容易，做起来可不容易。社会上几乎都是讨债的面孔，要想做到一团和气，就必须内心修养得好，慢慢改变过来。

第三点："出辞气，斯远鄙倍矣。"所谓"出辞气"就是谈吐，善于言谈。"夫人不言，言必有中。"这是学问修养的自然流露，做到这一步，当然就"远鄙倍"了。

4.自我修养的最高境界

慎独，表里如一。慎独就是独自反思，自查自纠存在的缺点和毛病。推崇这种品格修养方法，主要是强调在无人监督时不仅不能放松，反而要更加注意坚持自己的道德信念。

5.女性的自我修养

在美的天平上，修养是一个举足轻重的砝码，一个美丽的女人若是没有修养，她会很快人老珠黄；相反，一个容貌一般的女人若有修养，时间无疑会使她更加美丽。

女儿国也不尽是与生俱来的形体美的女人，然而每一位女性都可以通过高尚的求美活动成为令世人羡慕的"美神"，使"女儿国里尽朝晖"。

哪位女性不愿讨人喜爱？可要做到讨人喜爱，却又不那么简单。培养优美的气质是讨人喜爱的前提。为此女性应着力于下列几方面：

（1）要接受良好的教育与训练，这样就可以了解自己，而且会想出种种办法控制自己的性格情绪。

（2）要接近大自然，山清水秀，绿野田园，可以熏陶一个人柔和的品性与开朗的胸襟。

（3）要阅读文艺书刊，以陶冶心灵，美化人生，改善气质。

（4）要经常听音乐会，音乐能够使人感情升华，心灵愉悦。

（5）要多欣赏美术作品，美的作品会使你的心灵产生美的感受，美的共鸣，自然美的形态便产生了，气质随之而高雅。

（6）要练习书法、刺绣，这些活动可使你心灵平静，性情温和，举止斯文。

（7）要时常参与有益社会的各种活动，照顾孤残，帮助困难人家，发扬爱心，使你的性情和气质变得亲切、平和、善良。

6.自我修养永无止境

有这么一则故事：一个大学教授在上课的时候拿出一个玻璃瓶子，把石头装在瓶子里，当不能再装石头的时候，他就问他的学生："满了吗？"学生几乎异口同声地说："满了。"然后，他又把沙子放进瓶子里，当不能再放沙子的时候，他又问："满了吗？"这次学生就说："还没有。"教授笑了笑，说："对！"接着又把水灌进瓶子里，然后就问："今天，你们从这个实验中想到了什么？"有一位学生说："我知道了，无论一个人的时间是多么紧张，他都有空去学其他知识。"而另一位学生说："无论你的知识多么丰富，你都能容下别人的建议。"而教授笑了笑说："你们说的只是它的一部分意思而已。大家想一想，如果我刚才先放沙，再放石头，那么，石头还能全部装下去吗？"先放石头，还是先放沙，其中包含了我们人生中一个很重要的道理。

修养的提升主要靠学习 ◀◀◀

在宴会上发现了自己想进一步认识的对象，即使有意邀请对方一道去小酌一番，倘若对方不能感受到你的魅力，恐怕会拒绝邀请。"虽然是初次见面，但是看来像个风趣的人，不妨聊聊看吧！"为了让对方产生这种念头，自己如果无法散发吸引人的气息，对方必定不理。

传递给初见面对象的魅力，决定你至今为止的努力成果。从来不努力不读书的人，无论在表面上多么擅于应酬，也无法让人产生渴望两人私下交谈的感受。

就此观点而言，我们可以说与其出席一次宴会，不如阅读一本书更有利于建立人际关系。与其脑袋空空地出席宴会，不如利用那段时间读书来提升自己的魅力。倘若有十次出席宴会的机会，不妨缺席五次充作读书时间。

如此一来，自己所学到的东西便可以活用于宴会中的交谈，"我在阅读××书籍时，读到这样的一段故事呢！"倘若将阅读感想提供出来，持有同感的人们便会觉得你是个风趣的人。

这种情形可以比喻成毫无魅力的男性想追求女性一样，即使频频出席各种活动，倘若平日不努力培养自己的魅力，也是绝对不可能受人欢迎的。

无论是读书、锻炼身体、成为体育或各项娱乐方面的好手，抑或在事业上拥有杰出表现，倘若未能拥有这种基础，无论遇上任何与人交际的机会，均无法散发个人魅力。不培养自己的素养即出席宴会，就像穿着睡衣前往餐厅用餐一样，是可耻可怜的。

换言之，不念书光参加模拟考试是毫无意义的。所谓模拟考试，是为了掌握自己的实力才接受的测验，你的成绩不会因为接受模拟考试而获提升。

宴会也可以说是建立人际关系的一种模拟考试。不努力培养实力的人，或许有时可以侥幸获得青睐，但这并不意味着新的人际关系将可永保不坠。脑袋空空的人实力肤浅，相处不久便会遭人识破。

1.掌握交际应酬的起码知识

掌握交际应酬的起码知识，这样，才能说出与当时的情境相适应的言辞。如果不懂得这些知识，在与人交往当中，就会因某一细微疏忽讲错话而造成不良印象。

在日常生活中，诸如称呼、求职、赴宴、送礼、赠物、打招呼、打电话、自我介绍等，所有这些，都各有自己的一套成文或不成文的规矩。这些规矩，一般都是自然形成或约定俗成的，不需要去特别地学习、钻研，只要不脱离社会生活，耳濡目染，即可把握。若想提高说话水平，就必须积极投入社会生活，根据不同的需要，选择恰当的适应社会生活需要的处世言辞。只要掌握文明、礼貌、得体、合适的原则即可。

2.掌握社会生活中方方面面的常识

在实践中逐步体会，掌握社会生活中方方面面的常识来丰富自己，使得在生活中不会闹笑话、受挫折，被别人轻视和嘲讽。

3.广博的文化知识和专业知识

天文、地理、历史、文学、艺术、哲学、经济、法律等方面的知识能陶冶情操，提高修养，开阔视野，从而使表达者的言辞更具有感染力、说服力、吸引力。这种知识的获得，要靠孜孜不倦地学习。只有不断地学习汲取，言辞的表达才会有不断的生命力。在人际交往中，某方面的文化知识不足，就不要轻易涉及这方面的话题，倘若擅自发言、闹笑话，将会影响交际效果。

4.自测你的修养

（1）你对待售货员或饭店的女服务员是不是跟你对待朋友那样很有礼貌呢？

答案：是。一个富有教养的人，不论是对什么样身份的人，始终都彬彬有礼。

（2）你是不是很容易生气？

答案：不是。动不动就生气的人修养不会很好。

（3）如果有人赞美你，你是不是会向他说"谢谢"呢？

答案：是。善于接受他人赞美是一种做人的艺术。

（4）有人尴尬时，你是不是觉得很有趣？

答案：不是。幸灾乐祸显出你的修养较差。

（5）你是不是很容易就展露笑容，甚至是在初次相逢的人的面前？

答案：是。微笑始终是你自己或其他人通往快乐的最好的入场券。

（6）你是不是会关心别人的幸福和舒适？

答案：是。关心体贴别人是一个人成熟和有魅力的第一条件。

（7）在你的谈话和信中，你是不是时常提到自己？

答案：不是。那些经常大谈自己的人很少会受到别人的欢迎。

（8）你是不是认为礼貌对一个男子汉无足轻重？

答案：不是。良好的风度和礼貌是做人所必需而且应该具有的自然的反应。

（9）跟别人谈话时，你是不是一直很注意对方？

答案：是。尊重别人的意见才能使别人尊重你。

5.以下向你推荐2003年度提高自身修养的十本书

（1）《绝顶》作者：张海迪

这是一部以攀登梅里雪山为背景，展现了当代知识分子的生活状态，并以作者独特的经历和感受，对人类的精神世界进行了深刻挖掘的作品。通篇充满浪漫激情和理性智慧，文笔磊落跌宕，温婉秀丽，表现出了一种直面困难、昂扬向上的价值取向。该书被中宣部、新闻出版总署列入向"十六大"献礼的图书之列，书中昂扬进取的精神，无论对个人、对民族、对国家，还是对一个时代，都是至关重要的。有了这种精神，个人、国家、民族、时代才会充满希望。

（2）《生态城市：建设与自然平衡的人居环境》作者：理查德·瑞吉斯特（美）

作者在书中对"可持续发展战略"进行了另一种诠释——通过合理的城市规划和设计来实现由城镇、村庄组成的人类生态系统朝着好的方向演化，为所有人群和各类文化提供一种最大的发展机会，以使人类的创造热情完全被激发出来，使我们能够充分享受大自然所赐予的美好环境。

（3）《何处是归程》作者：黎阳

《何处是归程》是一本语言非常优美的小说，它采用了独特的散文化、诗化语言形式，描写了当代青年知识分子的心灵蜕变史，呼唤当代青年在多元化的价值观碰撞中坚守理想和精神的高度，用唯美的语言淋漓尽致地表达了理想与现实的矛盾。作者在小说中刻意传承和弘扬中国传统文化，特别是传统文学的优美、博大和精深。面对着势不可挡的西学东渐的时尚，作者高扬起"东学西渐"的旗帜，并且以她的小说勉力实践之。仅从语言上看，黎阳的这部小说在中国当代文坛上华彩独异，风流尽显，精美地演绎了汉语言的音、形、义之美，形成了独特的"黎阳"现象。

（4）《我的爱我的自由》作者：伊莎多拉·邓肯（美）

《我的爱我的自由》是现代舞创始人、美国著名舞蹈家伊莎多拉·邓肯的自传。在本书中，她尽情地阐释两大生命主题——爱情与自由。以熔岩般的热情将生命、爱情和舞蹈事业熔炼成文字的光辉，让读者领略到一位伟大妇女非凡的生命力。对于一些身处逆境，又有远大抱负的年轻人而言，读到这部传记，就应当明白，没有什么是不可能的，昨天的梦想未必不是今天的希望和明天的现实，邓肯以她的亲身经历，向世人展现了一个女子从不被承认到备受尊重的过程。

（5）《人生真相》作者：梁晓声

这是对精神文化深度的探取，作者于平凡的人生中体验美感，显现了作者和普通人的血肉联系，以及与时代脉搏的思想契合。作者是一位自省意识很强的作家。"懂得反省"四字之于今日中国现实显得格外重要，《人生真相》集中涉及了广泛的社会文化话题，诸如档案制度、司法制度、慈善事业、城建格局、影视题材、读书指南等，及至恐怖主义、奥运精神、世界走势等多项宏观之虑，这都是有关国计民生的焦点和热点。

（6）《湘行散记》作者：沈从文

读沈老的散文就好比看一幅晕着水的淡彩，通篇文字如同浅水一样地流淌，润泽着读者的心。看似毫不用力道的涂抹，出来的线条却清朗通灵；几乎白描的手法，不杂一丝的议论，不着痕迹地触动读者的心弦。虽然故事不怎么感人，人物那么陈旧，但一个个字摆在那里，却熠熠闪着光辉。

（7）《假如爱情是游戏，这就是规则》作者：切丽·卡特·斯考特（美）

这是一本适合女人、男人、各年龄阶段的读者阅读的书。所有恋爱中的成败在作者笔下一一道来，爱情不再孤立，不再说不清道不明。该书写作风格严谨，观点公正，第一次把爱情——这个中国人认为永远也说不清楚的东西理性化、规则化，着实让人受启发。

（8）《宽容》作者：亨德里克·威廉·房龙（美）

阅读此书是认识文明史变迁的一种有趣方法。人类历史是怎么么样的？它是怎样演化的？人与历史关系如何？人是如何去创造历史的？人何以要去认识历史？作者以别出心裁的手法，从社会或人是否宽容的角度来体会、感悟、理解西方历史的变迁。"宽容"与"不宽容"，正是一对矛盾的概念，谁成为时代的中心或哪一个成为边缘，时代的历史风貌可能是完全相反的。因而，用这种方法理解人类文明，人类历史的变迁无疑是处在无序与有序不断交替的状态。作者房龙不是直接赞美符合宽容标准的历史过程，也没有直接否定或批评不宽容的历史现象，而是抓住人类文明变迁历程中"宽

◎形象点拨

不同的敲门声，就把敲门者的性格、作风特点，一同传递进去，主人据此决定对于敲门者的态度。这就是为什么同是敲门却有不同结果的原因所在。

231

容"与"不宽容"所呈现出的各种形态，来描述社会发展何以如此的变迁规律。在此书中，作者以是否"宽容"的通道进入了人类文明深处。如此独特书写历史的做法，不仅打破了西方启蒙运动以来社会不断进步的乌托邦幻想，而且进一步打开了人们认识历史变迁的思维空间，提前揭示了后现代景观下的文明形态。

（9）《谁动了我的奶酪》作者：斯宾塞·约翰逊

该书用一个生动的故事，阐述了一个简单却往往被人忽略的真理：变化总在发生，所以每个人都要预见变化、追踪变化，更要适应变化，并随环境的改变而改变自己，从而能享受变化。这本书适合任何年龄层，而且阅读这个故事花费你不到一小时的时间，但其中独特的真知灼见却能对你产生一辈子的影响力和帮助。

（10）《假如给我三天光明》作者：海伦·凯勒

20世纪，一个独特的生命个体以其勇敢的方式震撼了世界，她——海伦·凯勒，一个生活在黑暗中却又给人类带来光明的女性，一个度过了生命的88个春秋，却熬过了87年无光、无声、无语的孤绝岁月的弱女子。然而，正是这么一个幽闭在盲聋哑世界里的人，竟然毕业于哈佛大学德克利夫学院，并用生命的全部力量处处奔走，建起了一家家慈善机构，为残疾人造福，被美国《时代》周刊评选为20世纪美国十大英雄偶像。创造这一奇迹，全靠一颗不屈不挠的心。海伦接受了生命的挑战，用爱心去拥抱世界，以惊人的毅力面对困境，终于在黑暗中找到了人生的光明面，最后又把慈爱的双手伸向全世界。

让我们先来审视一下自己：你是否以一种固定的模式来打扮自己，你是否在讲话中总有一两句口头禅，你是否经常不自觉地有某种小动作……那么可以确定地说你在这些方面都已经形成了习惯。

你想初次见面给别人留个好的第一印象，可是你业已形成的坏习惯往往掩饰不住，将你的真实面目暴露出来。

好的生活习惯是成功的基石 ◀◀◀

我们的习惯开始于无意的观察、细节的暗示与经验，它像带着一点点内容的蜘蛛网，随着实践长大、积累、成熟起来。想象和情绪融合起来，直到它们成为打不破的铁链。习惯就是由网发展成铁链的，它控制着你每天的生活。

养成好的卫生、行为、道德习惯，你就不需要再刻意地修饰，每一天你都是以健康完美的形象出现在新朋友、旧相识面前，这样的你，从好的第一印象开始便渐入佳境，不断走向新的成功。

好的习惯，比如，喜欢阅读、不睡懒觉、整洁有条理、每日做笔记、遇事爱思考、对人有礼貌……简单吗？对，当它们已经成为习惯的时候就很简单；当它们还没有成为习惯的时候，做起来也许没有那么简单。可是，没有这些好的习惯，成功只能是海市蜃楼，可远观，而永远无法靠近。

真是这么重要吗？是的，好习惯是一条成功的通道。

试想，一个爱睡懒觉、生活懒散又没有规律的人怎么约束自己勤奋工作？一个不爱阅读、不关心身外世界的人能有怎样的胸襟和见识？一个自以为是、目中无人的人如何去和别人合作和沟通？一个杂乱无章、思维混乱的人做起事来的效率会有多高？一个不爱独立思考、人云亦云的人能有多大的智能和判断能力？

好习惯实际上是好方法——思想的方法，做事的方法。培养好习惯，即在寻找一种成功的方法。

人常说："先做对，再做好。"培养好习惯就是"先做对"。

从我做起，从现在做起吧。成功绝对是从量变到质变的过程。

你的好习惯越多，你离成功就越近。

言行举止烙有生活习惯的印记 ◀◀◀

你无意间对陌生人所说的一句话或所做的一个小动作，均是习惯使然。或许你此刻心态平静，在别人眼中的你却是眉头紧锁、心事重重的，其实皱着眉头就是你的习惯。

举止朴素大方，温文尔雅的行为习惯，能正确地表现出一个人的良好教养，给人留下成熟、值得信赖的印象。

美国学者们曾做过一个作弊的试验。给受测者们很难的问题，同时把答案放在他们面前，但是告诫他们"不能看答案"，然后监考人员走出房间，使用反视镜等器具在受测者不会发觉的情况下观察其行动。有趣的是，靠自己能力解答者，约有83%的人表现出咬指甲、含拇指、舐手背等习性；作弊的一组人中，有这些习性者只有48%。此外，还有一些搔头，或以手指卷头发的习性，以及闻身体的味道等行为。靠自己能力答题的一组人表现出这些癖好的，约为作弊组的两倍。

从这个试验不难看出，不断地压抑想看答案的欲望与苛求自己后，无形中会使这些怪癖一一呈现出来。

这种测试在一般人群中也有相当程度的共通性。每一位考试人员，都会不同程度地出现搔头发、咬指甲的行为，将这种司空见惯的习性加以分析，便是在日常人际关系中识别人心的一种手段，通过对他人的观察和对自己的审视，就能达到知己知彼。

养成良好的生活习惯 ◀◀◀

良好的生活习惯也是人的优点之一，想要让自己给予他人一个良好的印象，就必须先养成良好的生活习惯。

在现实生活中，人们常常把生活习惯看作"穿衣戴帽，各有所好"这样无足轻重的小事。其实，生活习惯往往与身体健康息息相关。良好的生活习惯，对保持健康的体魄，良好的心态，起着潜移默化的作用。相反，一些不良的生活习惯，往往在不知不觉中摧残着健康的身心。

没有哪个人不珍视自己的健康，然而健康的身心却要有良好的生活习惯来呵护。从这个意义上说，身体健康的"金钥匙"实际上是掌握在每个人的手里。有了良好的生活习惯，就能够使自己保持良好的心态，保持健康的体魄。即使一时出现不适，也能很好地与医生配合，心平如镜，使身体尽快得到恢复。

心理卫生学认为，良好的生活习惯，就是符合社会道德标准，有益于人的身心健康的习惯。主要表现为：心胸豁达，情绪乐观；劳逸结合，坚持体育锻炼；生活规律，善用闲暇；营养适当，防止肥胖；不吸烟，不酗酒，适应环境，与人为善，自尊自重，爱好清洁，注意安全等。要努力克服生活无规律，晚上不睡，早上不起，不愿参加体育活动，劳动怕脏怕累，偏食、挑食、暴饮暴食、过分节食、不吃早饭，以及吸烟、酗酒等不良生活作风和习惯。特别要纠正"能吃能睡，不用锻炼"的错误观念。

一位名叫布里罗的外国医生在所著的《特殊的照顾》一书中告诫人们：一个人最大的敌人往往是自己。战胜自己比战胜别人更需要勇气和意志。"切莫做自己的敌人"，"谨防自己打败自己"。恶习既然如此危害健康，就应下决心戒除恶习。有人说，吸烟、饮酒、玩麻将有瘾，实在难戒。其实戒除恶习，说到底就是战胜自己，战胜自己的意志。不妨认真听一听布里罗先生的忠告，不要将自己的健康轻易地毁在自己的恶习之中！

基本的生活习惯就如日常生活中的基本礼貌一样，有良好的生活习惯才有最好的生活品质。那么，我们该如何养成良好的生活习惯呢？首先我们应先从家中的生活习惯开始做起，虽然家是自由的地带，但却是养成良好生活习惯最重要的地方，我们在家中虽可方便但却也不能随便，也要注重生活习惯才行。在家中该养成什么生活习惯呢？例如，每天清理书桌桌面、有早睡早起的习惯等，这些都是基本的良好生活习惯，而我们就该用心将它们做到最好，假如我们连这小小的事情都无法做到，那就不需要继续研究这一问题了。

养成一个良好的生活习惯就像是在做一项毅力的考验，你必须将它持之以恒地坚持下去，因为一个人的健康状况和生活习惯也有关系，该如何去养成，必须依自己的想法及观念将自己的生活习惯做到最好，不用讨论太多，相信自己有着养成良好生活习惯的概念就能慢慢地改善自我不好的生活习惯了。肯定自己有把握能够将自己的生活习惯做到受人称赞，这样更能奠定个人所拥有的良好的生活习惯。

一个生活习惯非常差的人，想把它改正过来虽非常难，但还是可以的，因为只要有心，什么事都不难。首先，要使生活变得有规律，养成早睡早起的好习惯，不要穿得邋里邋遢，毫无人样；其次，可以做一份表格安排自己固定的时间该做什么事，要把里面的内容规划好，但要有一段空白时间可以做调整，最好是少看电视、少玩电脑和少出去玩，因为现在的物质真的是太吸引人了，少去接触那些东西就不太会上瘾，接触到了，可能就会无法自拔，心也就定不下来了。刚开始可能不太适应，甚至想放弃，但只要肯下决心及毅力，不管半年或一年甚至于三年终究会达成，只要做到习以为常，便可以把当初自订的表拿掉，因为你已经是一个生活习惯良好的人了。

一个有良好习惯的人，一定是个身体健康，并有毅力、耐力、人缘好的人，要成为那样的人虽是要花许多的心思和时间，但得来的丰硕成果却是永远存在的，永不消失。

从点滴小事抓起 ◄◄◄

人生无小事，每做一件事情实际上就是对自身素养、品行、学识进行一次修炼，千万不要因为小或者低微就鄙视它，放弃它将使你失去一次修炼的机会，也减少了一次提高的可能。

人对事物的观察是通过视觉、嗅觉等多重渠道进行的，不起眼的小节往往是关键所在。

比如，在面试中，不少考生的一些小动作成了评委打分的参考。有的考生进场时左顾右盼，神态不够自然；有的考生闷着头不敢面对评委；有的考生忽视了点个头、鞠个躬、打个招呼等这样细小的礼节；个别考生不修边幅、穿戴打扮不够得体。这些细节或多或少会影响评委的第一印象。

"于细微处见精神"，就是说一定要从小事做起，不要因事小而不为，如早晨自己定时起床；清理好个人卫生，诸如清理指甲缝里的污垢；出门前整理好衣冠等等。

从小事抓起，要树立起"小事不小"的观念，有了这种意识，就会从心底重视起来。

从晚上休息时开始 ◀◀◀

该休息了，你可能还在发怵第二天的面试，或者在为明天的约会紧张，好啦，别去想了，让我们先做一个放松练习吧。

你可以选择采用呼吸放松或者是冥想放松。

1.呼吸放松

（1）准备动作

呼吸放松有三种准备姿势：坐姿、卧姿、站姿。

坐姿：

坐在凳子或椅子上，身体挺拔，腹部微微收缩，背不靠椅背，双脚着地并与肩同宽，排除杂念，双目微闭。

卧姿：

平稳地躺在床上或沙发上，双脚伸直并拢，双手自然地伸直，放在身体两侧，排除杂念，双目微闭。

站姿：

站在地上，双脚与肩同宽，双手自然下垂，排除其他想法，双目微闭。

（2）动作要领（按顺序）

·把注意力集中在腹部肚脐下方；

·用鼻孔慢慢地吸气，想象好像空气从口腔沿着气管进入腹部，腹部随着吸入的气不断增加，慢慢地鼓起来；

·吸足气后，稍微闭一下眼，以便氧气与血管里的浊气进行交换；

·用口和鼻同时将气从腹中慢慢地自然地吐出来，腹部慢慢地瘪下去。

（3）睁眼，恢复原状。如果连续做，可以保持准备时的姿态，重复呼吸。

注意：

·要把气吸得深、吸得饱；

·在紧张时，只要进行深呼吸2~3次，就可以起到放松的作用。

2.冥想放松

（1）准备

把房门关上，别让其他人干扰，也没有嘈杂的声音。坐着、站着均可。

（2）方法一

回忆自己过去经历过的一件最愉快的事，回忆得越具体、越生动、越形象越好。例如，回忆自己过八岁生日时的情景，你的爸爸妈妈、亲朋好友、同学等来祝贺，一起庆祝的欢乐时光。桌子上摆满美味佳肴，对这种美味也要尽可能回忆得具体一些。大家一起唱起了生日歌，热闹非凡。这种回忆要像放电影一样，一幕接着一幕，形象生动。

（3）方法二

回忆自己曾经去过的景色秀丽的旅游胜地，美丽的景色一幕接着一幕在你的脑海中浮现，让自己融入了大自然，自己成了其中的一棵小树，一片树叶，随风舞蹈。

放松训练进行完后，你是不是感觉轻松些了？

接着你在上床之前准备好明天要穿的衣服和需要的其他东西。

然后闭上眼睛，躺好，从开场说的话到你的行为动作等在心里面过一下场，做一个较完整的心理模拟。

这样，在物质上和心理上做好充分的准备，向第二天的成功迈出第一步。

当然，一切要以你有充足的睡眠时间为前提。

另外，你要想象自己风度翩翩，给别人留下完美的第一印象，不断地给自己这样的心理暗示，有助于你提升自信心，实现目标。